言語聴覚士の音響学入門

［2訂版］

吉田 友敬 著

KAIBUNDO

●●● はじめに ●●●

近年，言語・聴覚系の専門職を目指す文科系出身者が増加し，その方面の専門分野に関する初学者向けの解説書が求められている。しかし，音響学を含む多くの教科書は理工系の学生向けに書かれており，ページを開いたとたんに目に飛び込んでくる数式の羅列は，上のような学習者にとって大きな障壁となっている。ごく最近，このような事情に対応すべく，以前よりかなりわかりやすく解説した専門書が徐々に出版されつつある。ただ，それぞれが専門分野であり，翻訳書を中心としていること，若干の数学や物理の知識が前提とされていることなどから，これらの本に到達するためのガイドとなるような，総合的音響学の教科書が求められている。

筆者は，多くの文科系出身者が高校で物理を履修せず，数学においても微積分の基本的知識を持ち合わせない（あるいは忘れてしまった）という状況を前提に，リハビリ専門職などへの就職を希望する学生向けのコンパクトな音響学の教科書ができないものかと，模索してきた。幸い，筆者が専門学校で担当する音響学講義は，年々学生の需要に応えるものとなり，高度な数学をまったく使わず，なおかつ音声・聴覚分野の立ち入った部分までを扱うものとして，好評を得てきた。そこで，この講義内容をもとにして一冊の書物にまとめれば，上のような需要に対する一応の答えとなるのではないかと思い，著述を決意するに至った。

本書の執筆に当たっては，以下のことに留意している。

1. 音の物理的性質について中学レベルから説き起こし，音声・聴覚の専門知識にとって必要最小限の数学的扱いを解説した。
2. 聴覚分野の初学者が戸惑いやすい，デシベルについて，できる限り丁寧な解説をほどこした。
3. いわゆる工学的な音響学分野だけでなく，臨床的に必要となる事柄との関連を考え，次の各分野の基本的知識を本書に含めた。これにより，多種の参考書を参照しなくても，本書のみで，音響学分野の必要な基礎知識の理解が得られるように配慮した。

(1) 音響物理学（基本的な音波の性質）

(2) 音の強さの尺度（各種デシベルの定義と実際）

(3) 音のスペクトルの扱い

(4) デジタル信号処理の基礎

(5) 音響心理学

(6) 音声音響学[*1]

とくに最後の音声音響学は，いままで音声学とのはざまでわずかに解説されていたもので，とりわけ音響学の観点から説明されたものはほとんど見あたらなかったように思う。試行錯誤の結果，筆者の音響学講義において一定の意義を持つようになった部分でもある。

また，何年も音響学の講義を担当してきて，多くの学生が，さまざまな音響的現象を知識としては知っていても，実際の音をイメージすることが必ずしもできないということが最近になってわかってきた。将来の専門職のためにも，耳を鍛えることは有意義である。筆者は，肝心の音自体を知ることの必要性を強く感じ，講義中にデモンストレーションで音を提示するのみにとどまらず，これらの音のサンプルを CD として作成し，学生に配布して聴かせ，試験時に「リスニングテスト」まで実施したところ，その効果は絶大であった。本書にもこのような音のサンプルがあることが望ましいと考え，各種の音を納めた CD を付属させている[*2]。ぜひ，各自で音の不思議を体験してもらいたい。それぞれの音についての説明は本文中に対応するトラックを示して記述している。

何分浅学非才ゆえに，行き届かない点も少なくないと思われるが，読者諸氏の厳しいご意見ご鞭撻を待つばかりである。本書出版を機に，音響・音声教育について，さらに精進していきたいと願っている。

本書の執筆に当たって，日本聴能言語福祉学院の村田公一先生には，草稿に

[*1] 2 訂版では音響音声学に修正。

[*2] 2 訂版ではネットからダウンロードする形とした。

目を通していただき，有益な助言をいただいた。忙しい業務の間を縫って尽力していただいたことにまず感謝したい。また，CD への音声の収録に際し，サンプルの使用を音声言語医学会，NTT アドバンステクノロジに快諾していただいた。本文中のイラストは，日本聴能言語学院の補聴言語学科学生である堀田眞弥さんの手によるものである。そして何よりもこの書を世に出していただいた海文堂出版，とくに担当していただいた岩本登志雄氏には心より感謝する次第である。さらに，海文堂出版を紹介していただいた片方善治先生が，本書の出版を後押ししてくださったことをここに記したい。

最後に，非才な著者に音響学教授の機会を与えてくださった日本聴能言語福祉学院のスタッフ，そして著者の授業に多大の刺激を与えてくれた多くの学生諸氏に感謝したい。また，本書執筆中の著者のわがままに耐え，さまざまに協力してくれた妻あゆみに感謝したいと思う。

多くの初学者にとって，本書が音響学への入口として役に立つことを願ってやまない。

2005 年 4 月

吉田友敬

2 訂版への序文

本書の初版が出版されたのはおよそ 14 年前のことになる。当時は，文系の学生に読めるような音響学の本はほとんど存在せず，本書には，その希少性によってある程度の需要があったようである。その後，言語聴覚士の養成課程が増えたこともあり，高等数学を省いた音響学の本がいく種類か出版されてきた。その中にあって，本書は「入門」としての特徴が，とくに初学者の需要に応えることになり，一定の評価を得てきたように思う。

初版発行当時は，音響学の基盤となっている物理学を学んできた学生は，文系ではほとんどいないという状況であった。その後，高等学校の学習指導要領が改訂されたことで，文系であっても，一定の割合の学生が「物理基礎」を学んで来るようになった。今後の学習指導要領改訂でもこの方向は変わらない。とは言っても，数学や物理学を苦手に感じる文系の学生は依然多く，場合によっては小・中学校レベルからの説明を要する状況は変わっていない。

この間，言語聴覚士国家試験の出題範囲も変遷し，さまざまな領域から出題されるようになった。初版執筆時の気持ちから言えば，これらの分野をすべてカバーしたいという衝動に駆られるが，実際に教鞭を執ってきて，必ずしも出題範囲をすべて含むような授業がベストとは限らないと思うようになった。というのは，それをすることによって，初めて音響学を学ぶ学生が，より一層この分野の難しさに直面することになり，音響学への自信を喪失することにつながりかねないからである。むしろ，最初は基本的なことをしっかりと理解できたほうが，結果としては音響学の知見を確実に身につけることにつながり，発展的なことが必要であれば，いったん音響学についてのアウトラインを習得したあとで取り組んでもいいのではないかと考えるようになったのである。その意味で，今回の改訂であらゆる出題範囲を盛り込むのは断念し，基本的なことをコンパクトにまとめているという従来の特徴を，引き続き活かしていきたいと思う。

今回の改訂に当たって，主に変更したのは下記の点である。

1. デシベルの計算方法の一部について，実際の国家試験に対応できるよう，より実践的な方法に変更した。
2. 音の等感曲線について，古い ISO226 の図を廃して，ISO-226:2003 を導入した。
3. 連続スペクトルとなるバンドノイズなどのレベルの計算を追加した。
4. 喉頭原音についての記述を追加した。
5. 超音節的要素について，ほぼ一節を書き下ろした。
6. その他，かなりの箇所で原稿の追加・修正を行った。

7. 内容とは別に，添付していたCDを廃して，ネット上にサンプル音をアップロードし，スマホなどで直接再生できるようにした。
http://www.kaibundo.jp/st.htm（下のコードでアクセスできる）

新しいサンプル音源は，基本的には従来本書に添付していたCDの音源を踏襲しているが，いくつかの音を差し替え，また，喉頭原音や超音節的要素に関する音を追加した。近年，CDをCDプレーヤーで再生して聴くことも少なくなり，代わりにネット環境が普及していることから，おそらくスマホやタブレットなどで再生できた方が使い勝手がいいものと考えて，今回の変更を行った。著者としては初めてのことなので，読者諸氏のご意見もいただければと思う。

今回一部の原稿を改訂することで，改めて自身の不勉強を痛感した。とくに，喉頭原音については，容易に手に入るものと思っていたのはたいへんな間違いで，実際のところ，喉頭原音を聴くのは不可能なことであった。しかし，どうにか喉頭原音に近い音を得るため，聴診器による測定を試みた。聴診器を当てる位置や，喉頭付近の形の個人差，そして男女差などで，測定・録音のコンディションは大きく異なり，今後への課題となった。機会があれば，電子聴診器による測定も試してみたいと思っている。

喉頭原音の測定・録音にあたっては，日本聴能言語福祉学院のスタッフの方々に大変お世話になった。測定に協力してくれた学生諸氏とともに，心から謝意を表したい。また，本書初版が出版されてから，多くの方にご意見をいただき，版ごとの修正において，できる限り反映してきた。京都市立芸術大学名誉教授の大串健吾先生をはじめとして，本書出版後に有益なご意見をいただいた多くの方々に心より感謝する次第である。そして，改訂にあたり，多くの煩わしい作業を快く引き受けていただいた海文堂出版の岩本登志雄氏には感謝の念に堪えない。

また，本書で学んでいただいた方々からは，問題演習の必要性を感じ，問題集の発刊を求められることも少なくない。実は，問題集の構想はずいぶん前からあるのだが，日々の雑務に紛れ，最初の数ページを書いたところで止まっている。今回の改訂を機に，そちらの方もできるだけ早期に実現できればと思い，こう宣言することで可能性が高まればと思っている。

本書を手に取ることで，少しでも音響学の基礎が身につき，多少なりとも自信が持てるようになれば，著者として望外の喜びである。読者諸氏と音について学ぶことの楽しさを共有できることを願ってやまない。

2019 年 8 月

吉 田 友 敬

目　次

第1章 ●●● 音波の性質

音響学は音を研究する分野である。「音」と聞いて，みなさんは何を思い浮かべるであろうか。物音，騒音，あるいは救急車の音であろうか。音楽や話し声も，もちろん「音」である。では，音の実体は何であろうか。それは空気の振動である。空気中を微細な振動が目にもとまらぬ速さで伝わり，人間の鼓膜を振動させ，その振動が耳小骨を経て内耳にいたって，聴覚神経を振動させるのである。通常は微細な振動であるが，時に，この振動のエネルギーが大きくなって，ものを倒したり，ガラスを割ったりすることもある。まるで怪奇現象だが，これもまた音の一面である。人間の耳には聴こえない超音波というものもあり，イルカやコウモリはこれでコミュニケーションをとっているといわれている。

これからみなさんが勉強する「音」は，基本的に物理現象である。物理と聞いて，いやな思い出が浮かぶ人もいれば，ほとんど学んだことがなく，未知の分野である人もいるかもしれない。言葉も叫び声も，音楽も騒音も，それらの持つ多大な心理的効果にもかかわらず，根底では物理法則が音を支配している。ただ，「音」は物理現象としては非常に複雑なもので，とりわけ音声や音楽の認知などに及ぶと，まだ解明されていない点も少なくない。音声によるコミュニケーションは，心理的背景が大きな影響を及ぼすということを念頭に置いた上で，本章では，まず音の物理的側面から，基本的な特性を学ぶことにしよう。

1 波の基本的性質

(1) 波長，周期，周波数

音は波動現象である。そこで，まず波にかかわる基本的な性質を考えることにする。実際の音は，その波形をグラフで表現すると図 1-1 (a) のように複雑なものである。しかし，当面の間，わかりやすさのために，波といえば図 1-1 (b) のようなものと考えることにしよう（このような波形の数学的説明は，第 3 章 1 節に述べてある）。音では，通常このグラフの縦軸は音圧と呼ばれる圧力の単位で，横軸は時間の場合と空間（位置，距離）の場合がある。その時々で使い分けるので注意が必要である。(b) のような波は，同じ波形が何回も繰り返すという性質を持っている。これから，この繰り返す最小単位が重要となる。

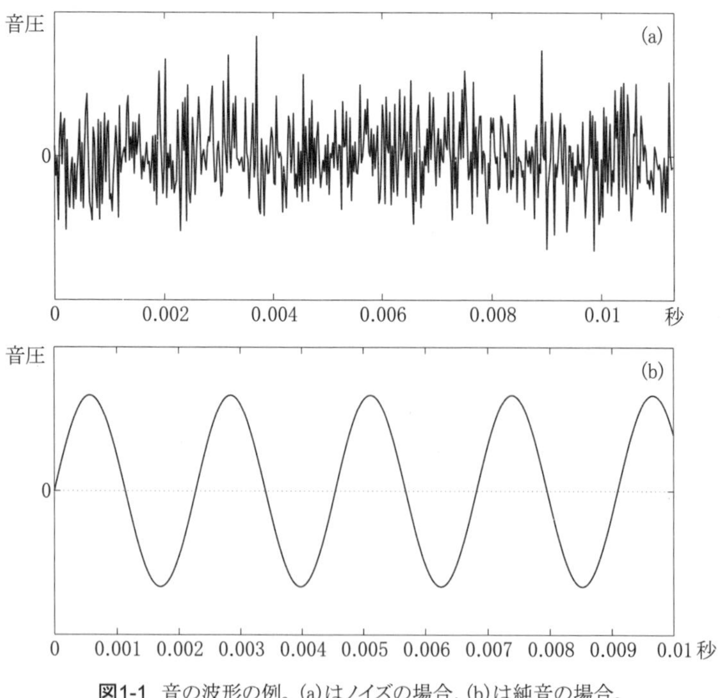

図1-1 音の波形の例。(a)はノイズの場合，(b)は純音の場合。

横軸が空間の場合，上述の繰り返すまでの横の長さのことを**波長**（wave length）という（図 1-2）。これに対して，1 m の長さに含まれる波の繰り返しの数を**波数**（wave number）という[*1]。波長と波数は互いに逆数である。

$$波数 = \frac{1}{波長} \tag{1.1}$$

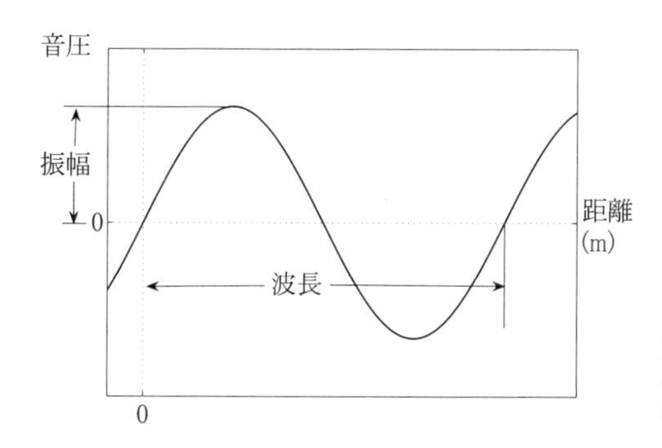

図1-2　空間に広がる波のグラフ。波長には，山と谷の 1 セットが含まれる。

実際，波長が 1 m なら波数は 1 個であり，波長が 0.5 m なら波数は 2 個，波長が 2 m なら波数は 0.5 個である。横軸から波形の山型の頂点までの高さを**振幅**（amplitude）といい，その波の大きさを表す。音の場合は音の強さに関係する。このように，横軸に長さをもってきた図は，池の水面波のある瞬間を撮った写真のようなものである。

次に，水面波の例では，どこか 1 点で水面の高さの変化を時間とともに計った場合を考える。その場合も，やはり同様の曲線を描いて水面は上下を繰り返すであろう。その様子を図にすると，結果としては同じ形であるが，図 1-3 のようになる。ここで，振幅は共通であるが，横軸が時間であるため，1 つの山と谷を巡る長さは 1 回振動するのにかかる時間を表し，これを**周期**（period）という。これに対し，1 秒間に振動する回数のことを**周波数**（**振動数**[*2] ともいう，frequency）といい，単位 Hz（ヘルツ）で表す。

[*1] 波長に比べて波数という言葉は，音声・聴覚の分野ではあまり使わないであろう。

[*2] 物理・建築分野では「振動数」を使い，電気・音響分野では「周波数」を使うが，同じ意味である。

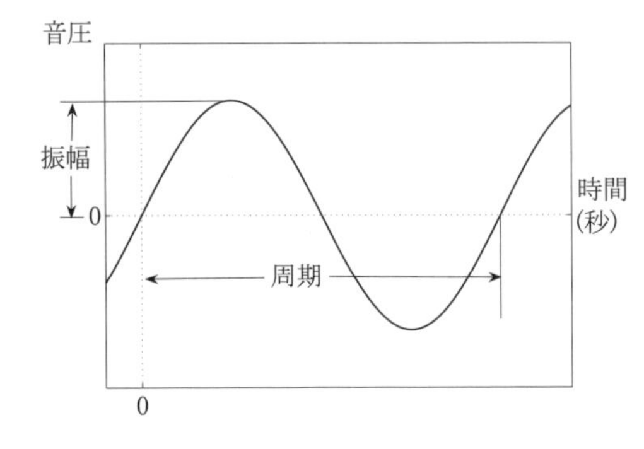

図1-3 時間とともに変動する波のグラフ。周期は山と谷を通って元に戻るまでの時間である。山から山，谷から谷までの時間もまた周期である。前図との違いを理解すること。

周期と周波数もまた逆数である。周期が 0.1 秒なら周波数は 10 Hz，周期が 0.01 秒なら 100 Hz である。なお，時間の単位で，1 秒の 1000 分の 1 を 1 ms（ミリ秒）という。後者の例では，周期は 10 ms とも表される。

$$\text{周波数} = \frac{1}{\text{周期}} \tag{1.2}$$

【問 1】周期が 2.5 ms（0.0025 秒）の音の周波数は何 Hz か。また，3500 Hz の音の周期は何 ms か。有効数字 3 桁で答えよ。（有効数字 3 桁とは，出てきた小数の左側の 0 を除いて，左から 3 桁をとり，4 桁目を四捨五入することである。解答を参照）

解答：

$$\frac{1}{0.0025\ \text{秒}} = 400\ \text{Hz}$$

$$\frac{1}{3500\ \text{Hz}} = 0.00028\overset{6}{\cancel{57}}\cdots\text{秒} \fallingdotseq 0.000286\ \text{秒} = 0.286\ \text{ms}$$

発展 角周波数とは？

上下の振動を図 1-4 のように回転運動の縦の成分（射影という）と考えると，より振動の本質を理解できる。図で，左側のように点 P が左回りに回転すると，その縦の位置（y 成分の射影）は右のように振動する。これは純音の振動波形と同じものである。なお，図のように横軸との角度が θ であるときの y 成分は，半径を a とすると，$a \cdot \sin\theta$ と表される。1 回の振動で点は 1 回転するので，その角度の変化を考えると 360° である。すなわち，1 Hz = 1 秒 に 360° 動くということである。このように，周波数の代わりに，1 秒間にどれだけの角度回転したかで表したものを角周波数という。0.5 Hz = 180°，10 Hz = 3600° である。また，数学では角度を「°」の他に「ラジアン」という単位で表す。このとき，360° = 2π という関係になるので，角周波数は 1 Hz = 2π と表現する。意味は 360° の場合とまったく同じである。その結果

$$角周波数 = 2\pi \times 周波数$$

となる。角周波数の概念は，いま考えているような単純な振動を数式で表現するときなどに役に立つものである。

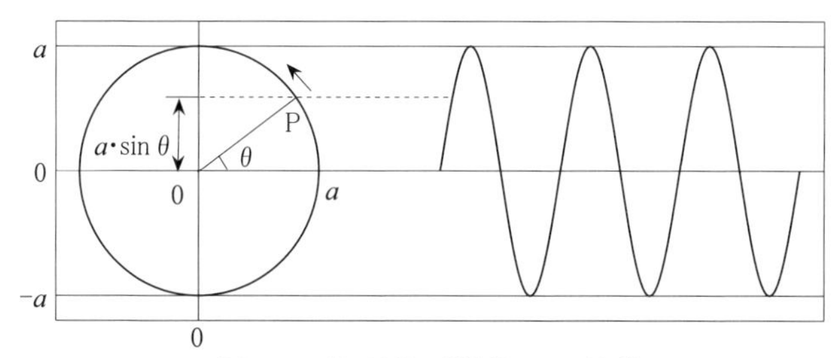

図1-4　回転運動の射影としての波動。
縦の成分は sin 関数として表される。

豆知識　記号に慣れよう

周期や周波数などの量を，そのままの言葉で扱っていると，数式で表して変形するときなどに，たいへんわずらわしくなる。そこで，通常は何らかの記号に置き換えて表現することが多い。記号は便宜的なもので，形式的には何を使ってもいいはずであるが，伝統的によく使われる記号があるので，それらに慣れておくのもいいであろう。初学者はとくにギリシャ文字に違和感を持つであろうが，理工系の世界ではよく使われている。問題は，このような（便宜的な）記号と単位を混同することで，より重要なのは単位のほうであることを忘れてはならない。

表 1-1　よく使う記号と単位

量の名称	よく使う記号	単位	備考
周期	T	秒	ms（ミリ秒）＝0.001 秒
周波数	f，ν（ニュー）	Hz（ヘルツ）	f は frequency の頭文字
波長	λ（ラムダ）	m	λ は length の頭文字 L に対応するギリシャ文字（小文字）
音速	c	m/秒	c は constant（一定値）から
音圧	P	Pa（パスカル）	P は pressure（圧力）から
音の強さ	I	W（ワット）/m^2	I は intensity（強さ）から
力	F	N（ニュートン）	F は force（力）から 1 kg 重 ≒ 9.8 N

(2) 音速と波長，周波数の関係

波長と波数の関係，周期と周波数の関係は同じものであり，基本的に理解できたと思う。では，波長と周波数の間にはどんな関係があるのだろうか？

ここで，この関係を求めるために**音速**（sound wave velocity）を導入しなくてはいけない。音速は音波の伝播する速度である。波がその中を伝播していく物質のことを**媒質**（medium）という。波の伝播速度は媒質によって異なり，音速の場合も温度や湿度，気圧などに影響されて変化する。一般に気温が高いほうが音速は大きい。しかし通常の室温では，おおむね 300～350 m/秒である（本書では，計算時には **340 m/秒**を採用する）。

これらの関係は，波長という長さと時間，速さの関係に等しいが，近年の初等教育では，この関係を要約したたいへん便利な図が用いられている（筆者は「バス停マーク」と呼んでいる）。

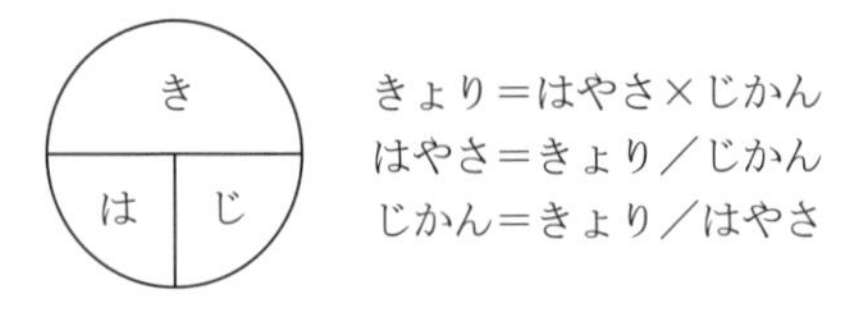

かつて理解・記憶するのに苦しんだ比例・反比例関係がコンパクトにまとめられている。このマークは一般的な割合や濃度の計算などにも使え，微積分の

概念への示唆なども含む，本質的で実にうまい発明と言える（一方で，安易にこのようなマークに頼り，そもそも割合などの仕組みについてじっくりと考えなくなってきていることが，一部の算数・数学を極端に苦手とする生徒を生み出す一因となっているのではないかと懸念される）。

ここで，音波が 1 波長分だけ空間を移動するのにかかる時間を考えると，距離→波長，速さ→音速，時間→周期と置き換えることができる。したがって，上の 2 番目の式に当てはめると

$$音速 = \frac{波長}{周期}$$

となる。一般的に周期より周波数のほうがよく使うので，周期と周波数は逆数であることを考慮して

$$音速＝周波数×波長 \tag{1.3}$$

である。音速を記号 c で，周波数を f で，波長を λ で表せば，次のように，やはりコンパクトに表すことができる。

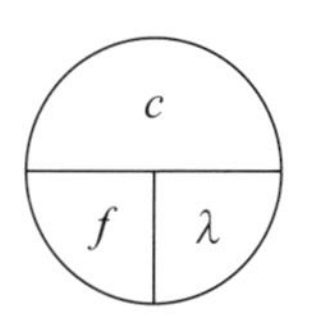

さらに，これらの記号に不慣れな場合は，日本語の頭文字をとって，音速を「お」，波長を「は」，周波数を「し」とすれば，このバス停マークは

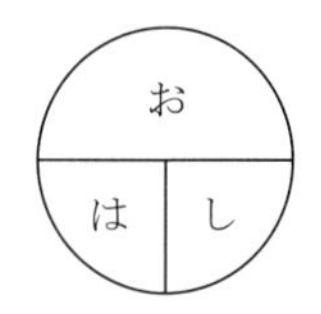

となるので，「おはし」と覚えれば，記憶しやすいであろう。ただし，「し」は周波数であって，周期ではない。また，「お」は音速であるが，より正確には媒質を振動が伝わる速度である。空気中を振動が伝わる場合はそのまま音速となる。

【問 2】440 Hz の音の波長を求めよ（以下，とくに断らない限り，割り切れないときは有効数字 3 桁とする）。また，音速は 340 m/秒とする。

解答：

$$\text{波長} = \frac{\text{音速}}{\text{周波数}} = \frac{340}{440}$$

$$= 0.77\overset{3}{\cancel{27}}\cdots\,\mathrm{m} \fallingdotseq 77.3\,\mathrm{cm}$$

※ 440 Hz とは伝統的な時報音の低いほうの音の高さで，音楽でいえば中央の「ラ」の高さに当たる。実際のオーケストラのチューニングは 442～443 Hz あたりで行われている。計算結果のように，音波は思ったよりも長い波である。

(3) 縦波と横波

波といえば水面の波のようなものを思い浮かべがちであるが，このような波の特徴は波の進行方向と垂直に振動・変位する（位置がずれる）ことである。このような波を**横波**（transverse wave）という。横波の例としては，水面波のほかに弦の振動，地震の S 波（被害をもたらす大きな揺れ），電磁波（光）などがある。横波が伝わるためには，進行方向と垂直な復元力が必要である。横波は固体中を伝わるが，液体や気体中は伝わらない。水面波は，重力と水面の表面張力による上下方向の復元力があるために生じている。一方，光は真空中を伝わるので，真空にバネのような復元力があると考えられることになる。まことに不思議な話であるが，その謎は未だ完全には解かれていない。

これに対して，進行方向に振動する波のことを**縦波**（longitudinal wave）という。縦波は，固体中のみでなく，液体や気体中も伝播する。分子の衝突によって生じる圧力の変位が伝わっていくのである。おおざっぱには，ドミノ倒しのイメージが近いであろう（ドミノには立ち直るための圧力がないので，元に戻れないところは異なっている）。音波は代表的な縦波であり，そのほかには地震の P 波（S 波の到着前に生じる微動）も縦波である。

縦波は，前述のように圧力が伝わるので**圧力波**（pressure wave）であり，さらに圧力の変化は粒子密度の変化を生じるため，この意味で**疎密波**（**粗密波**）ともいう。疎密波を図に示すと，図 1-5 のようになる。この図で直観的には理解できるが，より詳細な理解のため，便宜的に圧力変化や体積速度を縦軸にとったグラフで示すことが多い（図 1-5 の下部）。本来は縦波であるが，グラフで扱うときにはこのように便宜的に横波のようなイメージを用いるので，誤解のないよう注意してほしい。

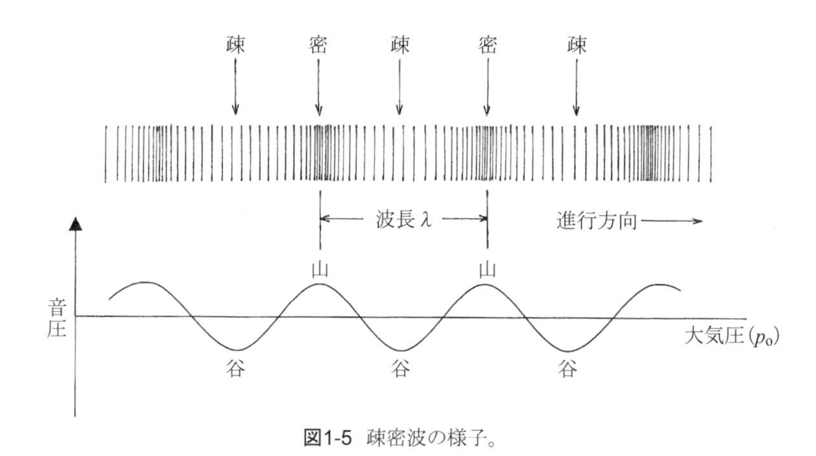

図1-5　疎密波の様子。

豆知識 地震の縦揺れは横波？

縦波と横波の話で必ず生じるのが，地震の縦揺れ・横揺れとの混同である。地震の縦揺れは，震源が真下にない限り，地震波の伝播方向とは垂直方向に近く，明らかに横波である。地震では，被害を生じるのは S 波と呼ばれる横波で，縦波の成分は P 波と呼ばれて，S 波よりも伝播速度が速い。そこで，P 波が到着してから S 波が到着するまでの時間を測れば，伝播速度の違いから，震源までの距離を知ることができる。すなわち，最初の小さな揺れが長く続いたあとに本震が来れば震源は遠く，小さな揺れを感じる間もなく本震となれば震源はきわめて近い。後者はいわゆる直下型地震と呼ばれるものである。

(4) 進行波と定常波

波は媒質中を特定の伝播速度で伝わっていくものであり，このように進行していく波を**進行波**（traveling wave）という。これに対して，適当な条件で進行波を重ね合わせることにより，見かけ上は波形の移動が見られない波を作ることができる。このようにその場で振動する波を**定常波**（**定在波**，standing wave）という。定常波は波長と振幅の等しい 2 つの進行波を逆向きに重ねることによって生じる。このような波は，人工的に作らなくても，適当な境界条件（反射条件）を与えれば，弦の振動や，管の中での共鳴として実現する。ただし境界条件を満たしていない波は，発生しても持続できずに打ち消しあってしまうため，一定の条件を満たす波長・周波数の波だけが定常波として励起される。定常波はその場で振動を続けるため，外部からエネルギーが供給されれば，そこにエネルギーを蓄積することができる。条件によって，大きなエネルギーを放出する仕組みとなったり，エネルギーの吸収源となったりする。当面は定常波＝大きなエネルギーを放出する源と考えておいてかまわないであろう。

(5) 純音

自然に存在する音波は複雑な波形を持っているものであるが，音の物理的性質や，聴覚の仕組みを理解するために，シンプルな音波として**純音**（pure tone）を用いることが多い。純音は図に示せば図 1-1 (b) のようであるが，どのような性質のものであろうか。

純音は次のようないくつかの性質を持っている。

- 周波数成分を 1 つしか持っていない。
- 正弦波（三角関数）で表現される。
- 音の高さを感じる（楽音）。
- 聴力測定や聴覚実験に用いられる。
- 自然界にはほとんど存在しない。

このように純音とはきわめて人工的な音であり，自然な美しい音とはかけ離れたものである。このうち，最初の性質を利用することにより，聴覚や音響の周波数に対応する特徴を調べることができる。実際，同じ振幅の純音であっても，周波数によって感じる音の大きさは大きく異なる。サンプル音で確かめてみよう（サンプル音 1～13)。なお，サンプル音 7 や 8 などでサンプル音 5 や

6 よりも低い音が聴こえる場合は，デジタル処理に起因する振幅変調音である（その音が聴こえたわけではない）。

2 定常波と共鳴

(1) 弦の振動

定常波にはいろいろなパターンが無数に考えられるが，本書では基本的な 3 つのケースについて考察する。まず最初に，弦の振動における定常波を考えてみよう。弦の振動とは，具体的にはギターやバイオリンなどの弦楽器の音をイメージすればよい。輪ゴムをはじくのも同じパターンである。

弦の振動における境界条件を考えてみる。弦の振動の条件とは，すなわち両端が固定されていることである。固定されている場所では，当然のことながら，その部分は動いて振動することはできない。このような，振動中に動くことのない固定部分のことを振動の**節**（node）という。これに対して，最もよく動いて振動する部分を振動の**腹**（anti-node）という（図 1-6）。

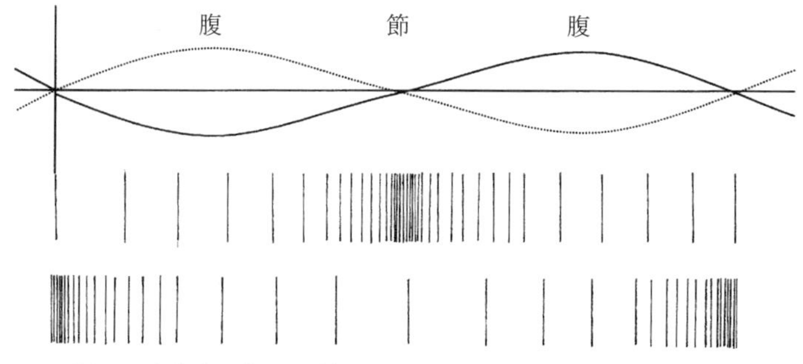

図1-6　定常波の節と腹。節の部分では密と疎を周期的に繰り返す。

このような条件を満たす定常波の振動の中で，最も節や腹の数の少ない振動のしかたを考えると，図 1-7 (a) のようになる。すなわち，両端が節で中央が腹となるような振動である。これを**基本振動**（fundamental oscillation）という。そこで，まず基本振動における弦の長さ（L とする）と波長・周波数の関係を

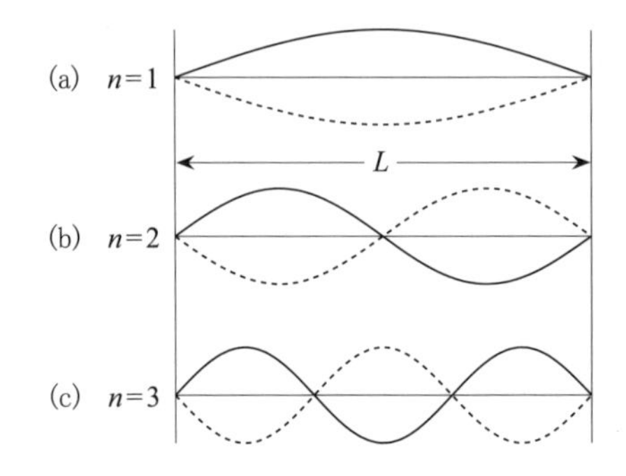

図1-7 弦の振動モード。基本振動から3倍振動までを表示している。$n=1$が基本振動である。

調べてみよう。

波長とは波の山と谷を一通り含む長さであるが，この基本振動では山（または谷）のみを含むので，波長はちょうど弦の長さの 2 倍になる。波長を λ_1 とすれば

$$\lambda_1 = 2L \tag{1.4}$$

となる。添え字の 1 は 1 倍振動という意味であるが，詳細は後に説明する。

次に周波数であるが，波長と周波数の関係を示した，式 (1.3) に当てはめて考えると

$$周波数 = \frac{波の伝わる速さ}{波長}$$

となる。周波数を f_1 とし，波の伝わる速さを c とすれば

$$f_1 = \frac{c}{\lambda_1} = \frac{c}{2L} \tag{1.5}$$

である。

次に，基本振動に比べて節と腹を 1 つずつ増やした振動モードを考えよう。図 1-7 (b) のようになるが，この場合の波長と周波数を考える。弦の長さの中に，ちょうど山 1 つ谷 1 つが含まれるので，弦の長さと波長が等しいことがわかる。この波長を λ_2 とすれば

$$\lambda_2 = L \tag{1.6}$$

また，周波数を f_2 とすれば

$$f_2 = \frac{波の伝わる速さ}{波長} = \frac{c}{L} \quad \left(= \frac{2c}{2L} \right) \tag{1.7}$$

となる。ここで，式 (1.5) と式 (1.7) を比べてみると，f_2 が f_1 のちょうど 2 倍になっていることがわかる。このように，基本振動に比べて周波数が 2 倍になるような振動モードを 2 倍振動という。2 倍振動では，波長は基本振動の 1/2 になっている。

さらに図 1-7 (c) では，波長を λ_3，周波数を f_3 とすると

$$\lambda_3 = \frac{2L}{3}, \quad f_3 = \frac{3c}{2L} \tag{1.8}$$

となり，周波数が基本振動の 3 倍なので，これは 3 倍振動であることがわかる。以上，基本振動から 2 倍振動，3 倍振動の結果を一般化すれば，n 倍振動での波長 λ_n と周波数 f_n に対して

$$\lambda_n = \frac{2L}{n}, \quad f_n = \frac{nc}{2L} \tag{1.9}$$

という関係が成り立つ。

(2) 開管の共鳴

次に，両端が開いた管の中での音の共鳴を考える。このような管を開管と呼び，多くの管楽器がこの特徴を持つ。この管での共鳴も定常波によって生じる。ただし，その境界条件は弦の振動の場合と異なり，両端が開いているので，両端で振動の腹になる[*3]。その結果，開管に生じる基本振動，2 倍振動，3 倍振動は，図 1-8 のようになる。

弦の振動の場合と同様に，それぞれの波長や周波数を考えると，波の伝わる速さを音速に置き換えれば，振動の節と腹が逆になっているだけで，その他の条件は同じなので，関係式もまったく同じ形になる。すなわち，開管の長さを L，音速を c，n 倍振動の波長を λ_n，周波数を f_n とすれば

$$\lambda_n = \frac{2L}{n}, \quad f_n = \frac{nc}{2L} \tag{1.10}$$

[*3] より正確には，両端で圧力の勾配が生じないこと，すなわち音圧変動の固定点（節）となることである。（p.16 の「発展」を参照）

と，弦の振動と同様である。ただし，波の伝わる速さを音速として計算しなくてはいけない。

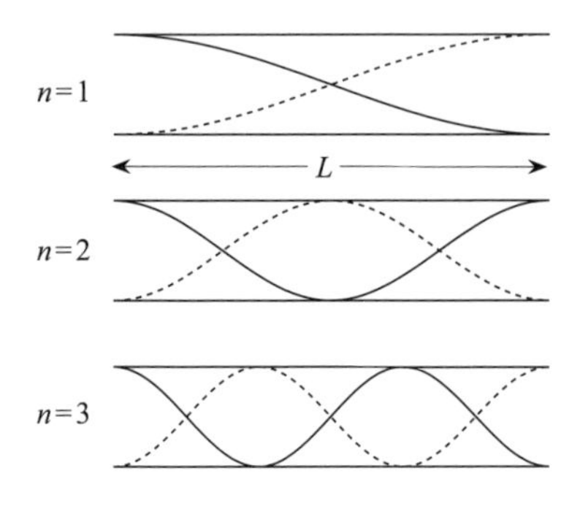

図1-8 閉管の振動モード。図では横波のように描いているが，実際は縦波なので，振動の方向は左右方向である。両端は振動の腹になる。

(3) 閉管の共鳴

最後に，片側が閉じていて，もう片側は開いている管の中の共鳴を考えよう。このような管を閉管と呼ぶ。具体的な例としては，言語・聴覚にとって重要な外耳道や声道，一部の管楽器などを挙げることができる。管の形状に従って，定常波の境界条件は，片側が空気の動けない振動の節，反対側が振動の腹となる。閉管の共鳴で最も節や腹の少ない振動モードは，それぞれの端に節・腹各 1 個が存在する振動であり，これが閉管の基本振動である（図 1-9 (a)）。

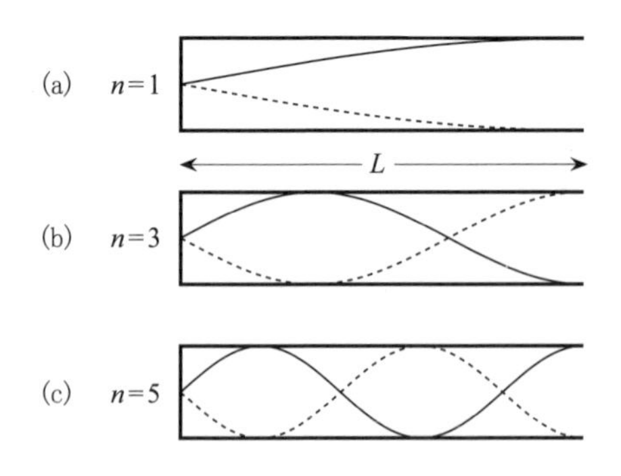

図1-9 閉管の振動モード。縦波を横波のように描いているのは前図と同様。基本振動数の奇数倍の基準振動だけが生じることに注意。

閉管の境界条件は，左右対称でない点において弦の振動や開管の共鳴と異なり，いくつかの注意すべき特徴を持つ。まず基本振動における波長と管の長さの関係であるが，波長が山 1 つと谷 1 つからなるのに対して，閉管の基本振動では山（または谷）の半分しか含んでいない。つまり，閉管の長さは基本振動の波長の 1/4 に相当することを意味しているので，波長は管の長さの 4 倍である。そこで，この基本振動の波長を λ_1，周波数を f_1 とすると

$$\lambda_1 = 4L, \quad f_1 = \frac{c}{4L} \tag{1.11}$$

である。開管の場合と比べて，波長が $2L \to 4L$ へと変わっている。その結果，周波数は同じ長さの開管と比べて半分になることがわかる。

次に，上の基本振動に節と腹を各 1 個追加してみよう。すると振動モードは図 1-9 (b) のようになるが，この場合の波長は基本振動に比べてどうなっているであろうか。何度も繰り返すように，波長は波の山 1 つと谷 1 つ分の長さである。すなわち，山（または谷）の半分の長さを単位（部品）として考えると，その部品 4 個分の長さが波長であることがわかる。このような見かたで図 1-9 (b) をよく見ると，山（または谷）の半分の部品が閉管の中に 3 つ含まれていることがわかる。つまり，この部品 1 つの長さは $L/3$ である。このことから，この振動モードの波長は，この $L/3$ の長さの部品が 4 つ分であり，この波長を λ_3，周波数を f_3 とすると

$$\lambda_3 = \frac{4L}{3}, \quad f_3 = \frac{3c}{4L} \tag{1.12}$$

となる。この周波数を基本振動の周波数（式 1.11）と比べると，3 倍になっていることがわかる。すなわち，この振動モードは 3 倍振動と呼ぶことができる。波長と周波数の添え字を 3 としたのはこのためである。

節と腹をさらに 1 つずつ追加した振動モードを考えると図 1-9 (c) のようになるが，これは 5 倍振動である。閉管ではこのように奇数倍の振動しか存在しない。それは，偶数倍の振動モードを考えてみると，両端がともに節かともに腹である必要があり，閉管の境界条件を満たせないからである。

以上のことをまとめて，閉管における n 倍振動の波長を λ_n，周波数を f_n とすると

$$\lambda_n = \frac{4L}{n}, \quad f_n = \frac{nc}{4L} \tag{1.13}$$
$$\text{ただし，} n = 1, 3, 5, \cdots$$

とまとめることができる。

発展 圧力表示と体積速度表示

同じ音波をグラフで表すのに，圧力の変化を用いる場合と，体積速度の変化を用いる場合がある。多くの文献で，両者を暗黙のうちに使い分けているので，より正確な理解のためには注意が必要である。

圧力表示とは，いわゆる疎と密をそのままグラフにしたもので，疎の部分で圧力が小さく，密の部分で圧力は大きい。これに対して，体積速度は空気の動きをグラフにしたと思えばよい。この場合，疎や密の部分では空気は止まっており，疎と密の中間の部分で前や後ろに動いている。つまり，腹と節が逆になるのである。それらの関係を図 1-10 に示す。たいへん紛らわしく理解が困難と感じたら，実際上はその場の文脈で理解できればいいので，それほど意識しなくてもいいであろう。

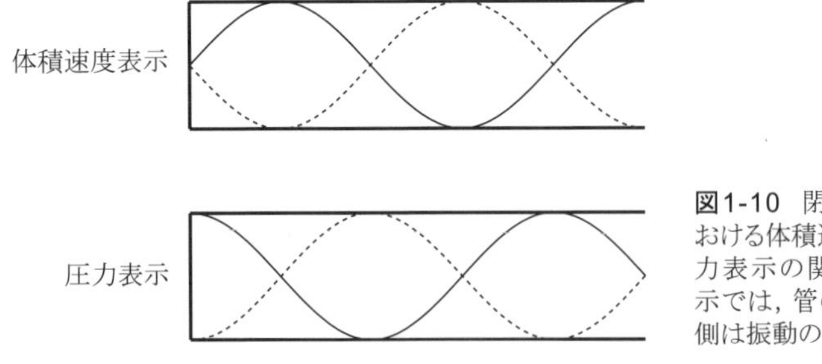

図1-10 閉管の共鳴における体積速度表示と圧力表示の関係。圧力表示では，管の閉じている側は振動の腹になる。

豆知識 ちょっと一息：ギターのチューニングは 2 倍振動で？

みなさんは，ギターをどのようにチューニング（弦を張る力を調整して音の高さを合わせること）するか知っているだろうか？ ギターは，6 本の弦のうち，音の低いほうから 2 番目の弦が「ラ」の音になるようにまず調整してから，ほかの弦を合わせていく。「音叉」というものを用いて，通常は 440 Hz の純音（に近い音）を使って「ラ」を合わせたあと，他の弦と合わせていくときに，そのまま

基本振動で合わせるより，2 倍振動を使ったほうが合わせやすいことがわかっている。基本振動を起こさずに 2 倍振動の音だけを鳴らすため，弦の中央付近を指で軽く押さえて振動の節を作ってはじくと，うまくいく。基本振動では地の音が低くて聞き取りにくいことや，周波数の高い音で合わせたほうが「うなり」（後述）を聴き取りやすい，などの理由によるようである。一度お試しあれ！？

【問 3】500 mℓ のペットボトルを空にして，息を当てて音を出すことを考える。これを閉管の基本振動と考えて，鳴る音の周波数を求めなさい。ペットボトルの有効長さは 23 cm とする。

解答：式 (1.11) または式 (1.13) から

$$\text{基本振動数} = \frac{\text{音速}}{4\times\text{管の長さ}} = \frac{340}{4\times 0.23\,\text{m}}$$

$$= 3\overset{70}{\cancel{69.56}}\cdots = \text{約}\ 370\,\text{Hz}$$

※ この周波数は，音階のファ＃くらいに相当する。実際に試してみよう。（ペットボトルの形状によって，多少ずれがある）

(4) 外耳道，声道への応用

言語・聴覚に関連する例として，外耳道や声道を閉管に近似して考えることができる。

まず，外耳道を閉管の例として考えよう。すると，閉管の定常波，とくに基本振動や 3 倍振動の周波数付近では，外耳道内で共鳴が起こり，よく音が響いて大きく聴こえることが考えられる。そこで，外耳道での基本振動の周波数を計算してみよう。一般的に成人の外耳道の長さは 2～3 cm であるので，ここでは 2.5 cm として計算することにする。【問 3】と同じように計算すれば

$$\text{基本振動数} = \frac{\text{音速}}{4\times\text{外耳道の長さ}} = \frac{340}{4\times 0.025\,\text{m}}$$

$$= 3400\,\text{Hz}$$

となる。実際，周波数ごとの耳の聴こえを測定してみると，3000～4000 Hz あたりで最も聴こえが良くなることが確かめられる。前述した，サンプル音の純

音で確かめてみよう。（サンプル音 1〜13）

また，外耳道における 3 倍振動の周波数は 9000 Hz あたりになり，ちょっとした聴こえのピークが見られる。

次に，声道の場合を考える。声道も外耳道と同様に閉管のモデルで近似することができる。しかし，声道は単純な閉管に比べて形状が複雑な上，唇，舌，顎の動きによって大きく形を変えられるため，その共鳴周波数は固定的ではない。そこで，まず，とくに声道に狭めや広めのない場合（中性母音という）で，共鳴する周波数を概算してみよう。成人の声道の長さは概ね 17 cm であるので，その値を用いて計算すると

$$\text{基本振動数} = \frac{\text{音速}}{4 \times \text{声道の長さ}} = \frac{340}{4 \times 0.17\,\text{m}} = 500\,\text{Hz}$$

となる。しかし前述のように，この値はおおざっぱな目安になるものの，声道の状態によって変動する。

そこで，閉管での共鳴と声道の共鳴にどのような相違があるかをまとめてみる。まず，声道の形状で閉管と大きく異なる特徴として，曲がっているということが目につく。しかし，管の曲がりは共鳴には影響しないことがわかっている。実際，オーケストラによく登場する，ぐるぐる巻きのフレンチホルンは，一直線状のアルペンホルンと同様の音色を持っている。

一方，管の太さの違いは大きく影響する。閉管では共鳴周波数が基本振動の〜倍振動というように単純な整数比で固定されているのに対して，声道では太さのために，特定の周波数のみで共鳴する代わりに，中心周波数の付近の周波数でも響く共鳴周波数帯となり，その中心周波数も声道の変化に応じて変化

表 1-2　閉管と声道の共鳴の比較

閉管	声道
細い，太さ均一	太さが不規則 太さが変化する
共鳴周波数が固定 基本振動と n 倍振動	共鳴周波数帯 （フォルマント） 中心周波数は変化する

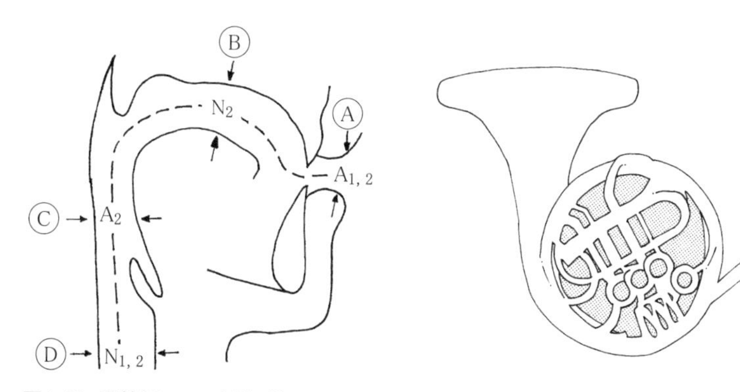

図1-11　閉管としての声道。第1フォルマントに対応する基本振動の節をN_1で，腹をA_1で表示している。同様に，第2フォルマントに対応する3倍振動の節はN_2，腹はA_2である。

し，互いに単純な整数比とはならない。この共鳴周波数帯は**フォルマント**（**formant**）と呼ばれる。このうち，閉管の基本振動に対応する共鳴周波数帯を第 1 フォルマント（F_1）と呼び，3 倍振動に対応する共鳴周波数帯を第 2 フォルマント（F_2）と呼ぶ。以下，5 倍振動 → 第 3 フォルマント（F_3）… である。口の開けかたなどによってフォルマントの周波数が変化するため，フォルマントどうしの周波数比のパターンによって母音の聴き分けが行われるといわれている。日本語では，とくに第 1 フォルマントと第 2 フォルマントの周波数比が重要である。中性母音の場合の中心周波数は，成人男子の場合，F_1 → 約 500 Hz，F_2 → 約 1500 Hz，F_3 → 約 2500 Hz である。

豆知識 用語を覚えよう

定常波による共鳴に関する音の名称は，微妙に異なる意味を持つ似たような用語が混在する。少々紛らわしいが，できるだけ正確に覚えたい。

1. **基本音**（**fundamental tone**）：基本振動によって生じる音のこと。
2. （〜）**倍音**（**harmonic tone，harmonic**）：〜倍振動によって生じる音のこと。同様の意味で，高調波という言葉もある。
3. **非整次倍音**：整数比でない倍音？ のこと。太鼓などで生じる。
4. **部分音**（**partial，partial tone**）：基本音，倍音，非整次倍音のすべてを指す。
5. **上音**（**overtone**）：部分音から，基本音を除いたものを指す。

以上の音の名前はすべて，それぞれ純音を指している。純音以外のすべての音は**複合音**（complex tone）と呼ばれる。日常的に耳にする音はほとんどすべて複合音である。弦の振動や管の共鳴でも，特定の部分音のみが単独で（純音として）生じることはなく，一般的には複数（あるいは無数）の部分音（純音の成分）が同時に発生している。複合音に含まれるこのような部分音は音色として感じられ，基本音を除いた上音の成分を独立に聴き取ることは通常はない。しかし，耳を澄ましてよく共鳴音を聴けば，上音成分である 2 倍音や 3 倍音を聴き取ることも不可能ではない。筆者も，人の声（ア音）を素材にして講義中に試しているが，数回繰り返せば半数以上が聴こえるようになる。倍音は初めて聴こえると錯覚のようであるが，慣れてくるとそれとして認識することができる。音の不思議を経験できる容易な方法である。

本節の最後に，複合音にも種類があることに触れておこう。簡単に述べれば，すべての音は音楽的に美しく感じる音と，雑音のように感じる音の 2 種類に分類される。前者を**周期音**（periodic tone）と呼び，後者を**非周期音**という。周期音とは，基本音と整数倍音からなる音であり，波形が周期的に繰り返す。それ以外のすべての複合音は非周期音である。純音は周期音に含まれる。周期音には，基本音のほかに 2 倍音，3 倍音，･･･ と倍音が含まれるが，一般的に次数が上がるほど含まれる成分の量は小さい。しかし，一部に例外もあり，人の声がその例外の 1 つであることは興味深い。

❸《発展》倍音と音階

(1) オクターブ

音楽の音階で，ドレミファ ･･･ とたどって上の「ド」まで行くと，また同じ高さが戻ってくるような感じを受ける。これをオクターブ感覚といい，音の高さの知覚における顕著で不思議な現象である。

この「ド」から「ド」まで，あるいは「レ」から「レ」まででも同じであるが，同じ音階名同士の間の音の高さの間隔のことを「1 オクターブ」と呼ぶ。「1 オクターブ」を周波数の関係に置き換えると，上の音の周波数は下の音のちょうど 2 倍になっている。これが「1 オクターブ」の定義である[*4]。オクターブとは周波数の差ではなく，比率によって感じる音の高さの差である。したがって，1 オクターブは周波数比が 2 倍であるが，2 オクターブなら周波数比は 4 倍，3 オクターブなら 8 倍である（6 倍とはならないことに注意せよ）。

(2) 倍音と音階の対応関係

弦の振動や管の共鳴などの定常波においては，基本振動による基本音の他に倍音が同時に鳴っているが，その倍率によって音楽的な音階と対応付けをすることができる。

図 1-12 に，その対応関係が示されている。ここでは，基本音を便宜上「ド」と見なしたときに，各倍音が音階のどれに当たるかを示している。同じ音階でも，オクターブ上がるごとに「・」点を追加して，その高さを示す。2 倍音と 4 倍音はオクターブの定義によって同じ音階名となるので「ド」，3 倍音は「ソ」，5 倍音は「ミ」であり，基本音から 6 倍音の中にいわゆる「ドミソ」の和音を構成する音が含まれるのがわかるであろう。この中で，7 倍音の「シ♭」は特異な存在である。

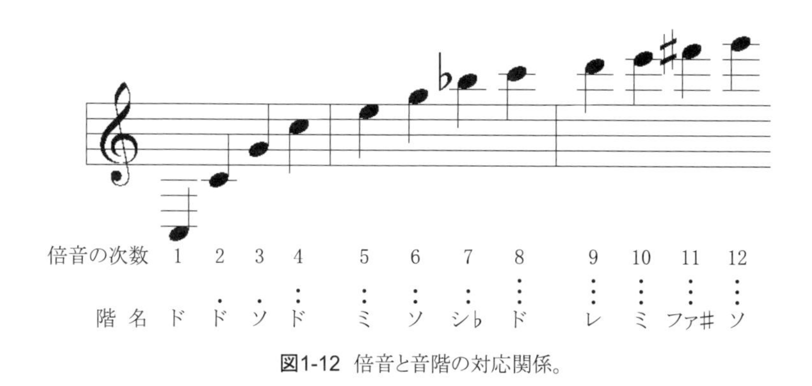

図1-12 倍音と音階の対応関係。

*4 厳密には，オクターブ感覚と周波数で定義される 1 オクターブとは一致しない。このことは，音響心理の章で再び触れる。

音楽的な和音がどうして美しく，あるいは心地よく響くのかということの理由の 1 つが，この倍音の周波数に求められる。すなわち，和音を構成する音は，もともと自然な倍音列であるから心地よい，というのである。ある程度は真実と考えられるが，100 % その通りかどうかは，音楽の複雑さを考えると疑問が残る。

(3) 純正律

上述のような事情から，ドレミファ ･･･ という音階のすべてを自然倍音列から構成しようというアイデアが浮かぶ。これを実現したものを「純正律」という。純正律であれば，単純な周波数比になっているので，和音が音響的にきれいに響く。「きれい」とは，あとに述べるようなうなりなどがなく，余分な周波数成分もないということである。

この「きれい」な純正律を使っている楽器としては，多くの弦楽器や管楽器を挙げることができる。管楽器では音階を構成するのに倍音自体を利用している。また，いずれの楽器も吹きかたの微妙な調整などで細かく高さを調節できる。高さが自由に変えられるという意味で，声楽も純正律になりやすい。

純正律は，響きが音響的にきれいになる代わりに，不便な特徴も持っている。あとに示すような方法で，順に周波数比で音階を構成していくと，音階を一巡したあと，さらに同じ比率でもとの「ド」を構成しようとすると，ぴったり戻らず，ずれが生じてしまうのである。また，1 つの音階を純正律によって構成すると，それを基に別の高さへ音楽を変えたとき（これを転調という），転調したあとの音階と前の音階では，それぞれ別に計算しているため音の共用ができない。たとえていうなら，ピアノであれば鍵盤が調の数だけ，すなわち 12 段必要になるのである。実際，純正律を用いているパイプオルガンでは，演奏席に何段もの鍵盤が存在するのを見たことのある人も少なくないであろう。こうしたピアノのように，臨機応変に高さの微調整ができない楽器にとって，純正律はきわめて不便なものである。

純正律の作りかたにはいく通りかあるが，そのうちの 1 つを図 1-13 に示す。

中央の「ド」の周波数を 1 としたときの，他の音階の周波数比を分数で表している。「ドミソ」を基軸として，その他の音階は「ソシレ」と「ファラド」に倍音列の周波数を適用している。

階 名	ド	レ	ミ	ファ	ソ	ラ	シ	ド
周波数の比率	1	$\frac{9}{8}$	$\frac{5}{4}$	$\frac{4}{3}$	$\frac{3}{2}$	$\frac{5}{3}$	$\frac{15}{8}$	2

図1-13　純正律の作りかたの例。「ド」に対する各音の周波数比を示す。

(4) 平均律

このように，ピアノのような楽器にとって純正律は非常に具合が悪い。そこで，どう転調しても自由自在に扱えるような音階（正確には音律）として，「平均律」というものが考案された。平均律では，ピアノの鍵盤の隣同士の関係をすべて平等にし，各調での周波数関係をすべて「平均」しようというのである。鍵盤上で，すぐ隣の音との高さの差を「半音」と呼ぶ。図 1-14 に鍵盤の配置を示すが，半音とは，黒鍵のあるときは白鍵と黒鍵の間，黒鍵のないときは白鍵どうしの関係である。

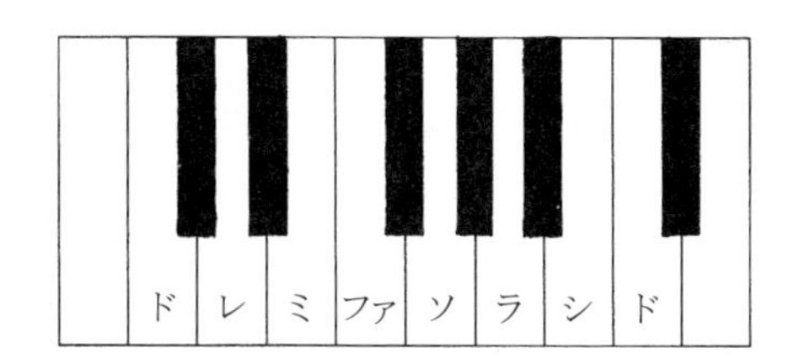

図1-14　鍵盤の配置。黒鍵を含め，すぐ隣のキーとの関係が半音である。

この半音は 1 オクターブの中にいくつあるであろうか？ 図を詳細にたどれば，「ド」から「ド」へ行くのに，半音で 12 ステップ存在する。そこで，1 オクターブを比率で 12 等分すれば，半音が定義できるであろう。1 オクターブは周波数比が 2 倍であるから，比率で 12 等分というのは，12 回かければ 2 倍になるような倍率である。数式では，$2^{1/12}$ とやや難しい形に表されるが，その値は，およそ 1.06 倍である。すなわち，半音は，周波数が約 1.06 倍の比率となるのである。半音 2 つ分の高さの差を「全音」というが，その周波数比は $1.06 \times 1.06 =$ 約 1.12 倍 である。「全音」とは，およそ「と〜ふ〜」という売り声（あるいはラッパの音）の音程であるが，このような売り声もほとんど聞かれなくなってしまった。「○○ちゃん，遊びましょ」という子供の声も全音を使っていることが多い。

こういうわけで，たいへん便利な平均律であるが，便宜上割り当てた周波数比を用いているため，和音の響きなどはあまりきれいではない。しかし，ピアノの他，鍵盤を用いるさまざまな楽器，とりわけ，近年多く用いられる電子楽器などで平均律は多く取り入れられている。このことを音楽の純粋性から問題視する向きもあるが，その価値判断はまた別の問題である。実は，ピアノでは調律の際に，周波数のずれはしかたないものの，和音を鳴らしたとき音同士がうまくなじむように，さまざまの工夫がなされている。これに対し，安い電子楽器で「ドミソ」などと鳴らすと，耳障りの悪いきつい音が響くことがある。みなさんはこの違いがわかるであろうか。（サンプル音 14〜15 に，純正律の和音と平均律の和音を収録してあるので，聴き比べてみよう。平均律のほうに，かすかな和音のゆらぎ（うなり）が存在するのがわかるであろうか）

豆知識 「ミ」（和音の第 3 音）は，高め？ 低め？

「ドミソ」の和音を鳴らすとき，純正律と平均律で周波数を計算すると，「ミ」の音が，平均律より純正律のほうが低いことがわかる。そこで，音響的により「きれい」に響かせるためには，「ミ」の音をピアノの鍵盤の音より少し低めに出せばいいことになる。実際，一部の合唱団などでは意図してそのような低めの「ミ」を出すようにトレーニングしている。そうすれば確かに「きれい」な響きを得ることができ，めでたしめでたしといいたいところである。ところが，ここにいくつかの落とし穴がある。まず，低めといっても，ちょうどの周波数を通り過ぎると，今度は短調の暗い響きになってしまう。「ドミソ」は長三和音と呼ばれ，明るい響きを持っていることに特徴がある。そのため，「ミ」音を低めに出すことは相当に用心深く行わないと，和音の響きを暗くするという正反対の効果を持っているのである。実際，短調と長調が入れ替わるような転換点では，その明るさを強調するため，むしろ「ミ」音は高めに演奏されることも少なくない。音響物理がつねに演奏心理と一致するとは限らないという一例である。また，ジャズでは「ブルー・ノート」といって，「ミ」音を極端に低めに演奏する奏法があり，事態をさらに複雑にしている。「ブルー・ノート」は，この音響と心理の葛藤を見事に突いた演奏法なのかもしれない。

4 うなり

周波数がわずかに異なる純音を重ねると，音が大きくなったり小さくなったりということを周期的に繰り返す。この現象を**うなり**（**beat**）という。図 1-15 に，うなりが生じる様子を模式的に示している。ここでは，わかりやすさのために，5 Hz と 6 Hz という，音としては成立しえない小さな周波数で示している。1 段目が 5 Hz の純音を示し，2 段目の破線が 6 Hz の純音を示す。3 段目は単純に両者を重ねたもので，2 つの波形を重ね合わせて 1 本のグラフにしたものが 4 段目である。すると確かに，振幅が大きくなったり限りなく小さくなったりする「うなり」が生じているのがわかるであろう。

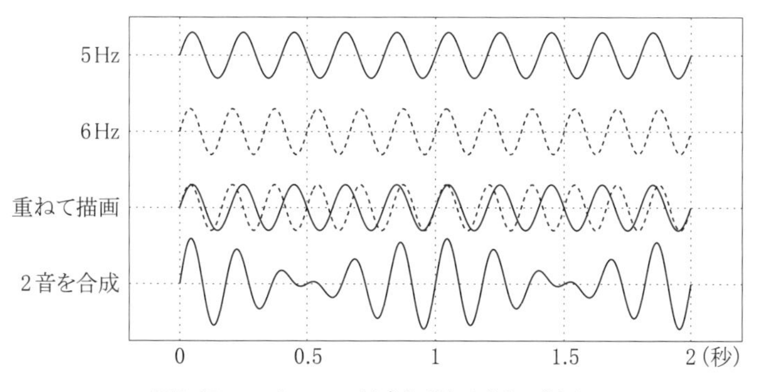

図1-15　5 Hzと6 Hzの純音を重ねたときのうなり。

なぜ，このような現象が生じるのであろうか。それは，波が重なり合うという性質を持っていることに起因する。波には，その変位がプラスとなる「山」の部分と，マイナスになる「谷」の部分が存在する。2 つの波が重なり合うとき，「山」どうしであれば，プラスとプラスで互いに強調し合いより大きな「山」となる。また，「谷」どうしであっても，マイナスどうしで強調し合い，より大きな「谷」となる。では，「山」と「谷」が重なり合うとどうなるであろう。この場合，プラスとマイナスで互いを打ち消し合うため，波の振幅を弱めて小さくすることになる（図 1-16）。

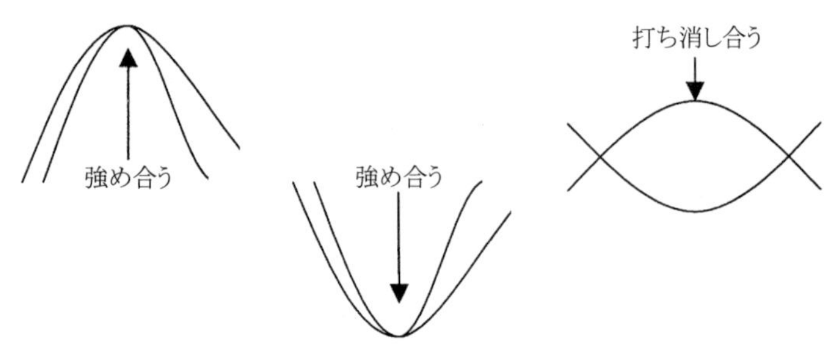

図1-16 波の山・谷と重ね合わせ。

ここで，図 1-15 の 3 段目をよく見てほしい。横軸は時間の経過を表すが，その値が中央の 1 秒付近では，山どうし・谷どうしが重なり合うようになっており，互いに強め合っているため，4 段目では振幅が大きくなっている。一方，左右の 0.5 秒や 1.5 秒のところでは，実線と破線の山と谷が重なっており，振幅は小さくなっている。これがうなりのメカニズムである。

では，どのような周波数の音を重ねると，うなりの周期や回数はどのように変化するのであろう。2 つの波が強め合ったり弱め合ったりを繰り返すのは，波の位相（タイミング）がしだいにずれていくからである。その結果，2 つの波はタイミングがそろって強め合ったり，正反対にずれて弱め合ったりを繰り返す。ある時間内にうなりが何回生じるかとは，このずれ合いが何回起こるかということである。1 秒間のうなりの回数を考えたとき，それは 2 つの音の周波数の差に等しい。周波数とは 1 秒間に振動する回数であるから，周波数の差は 1 秒間に含まれる振動の数の差である。もしその差が 5 回であれば，振動の遅いほうの波は速い波に 1 秒間で 5 回追い越されることになる。この追い越される瞬間に，2 つの波の位相が一時的にそろうために，互いに強め合うことになる。その間には，弱め合う瞬間が同じ回数だけ存在するのである。この現象は，長距離走でトラックを何周もするとき，いわゆる周回遅れが起こるとどちらが先を走っているのかわかりにくくなるのと似ている。うなりの回数を$f_{うなり}$，2 つの純音の周波数を f_1，f_2 とすると

$$f_{うなり} = |f_1 - f_2| \tag{1.14}$$

と表される。

【問 4】1000 Hz と 995 Hz の純音を重ね合わせると，1 秒間に何回うなるか。

解答：式 (1.14) から

$$f_{うなり} = |1000\,\mathrm{Hz} - 995\,\mathrm{Hz}| = 5\,\mathrm{Hz}$$ 〔答〕5 回

サンプル音 16～18 に，うなりの音が収録されている。この現象は，じっくり聴き入ると，妙な気分に襲われるかもしれない。

また，うなりの回数が多くなると，7 Hz を超えるあたりから振幅の変動を数え切れなくなって独特のパターンの音へと変化する。さらにうなりの回数が大きくなると，うなりの周波数自体を 1 つの音として感じるようになる。

5 《発展》ドップラー効果

みなさんは，救急車などが近くを通過するときに，音の高さが変化するのに気づいたことがあるだろうか。これは，音を出している音源や聴いている観測者が動くことによって音の高さ（聴こえる周波数）が変化する現象で，**ドップラー効果**（**Doppler effect**）と呼ばれている。救急車だけでなく，バイクの轟音なども，近くを通過するときに音の高さが急激に変わっている。電車が通過するときの警笛音も変化しているので，今度そのようなことがあったら気をつけて聴いてみよう。

ドップラー効果を定性的に理解するのは，あとに述べる誤解さえしなければ容易である。すなわち

互いに近づくとき：　元の音より高く聴こえる
互いに遠ざかるとき：　元の音より低く聴こえる

ということである。動いている速度が大きいほど，音の高さの変化も大きい。高さの変化は，観測者が音源の移動するルート上にあれば，音源が観測者を通過するときに瞬間的に生じる。実際には観測者は音源のルートとは多少ずれているので，音の変化はある程度の時間幅を持ったものになる。

さて，このような説明をすると必ず生じる誤解がある。それは，「音源が近づくとき，音がだんだん高くなる」と考えることである。救急車やバイクが近づいてくるときに，元の音が一定なら，音が高くなっていくことはない。それらの音は聴こえ始めたときにすでに高くなっているのである。あとは，ほとんど高さ一定の状態から，通過する前後の短い時間に一気に低く変化して，遠ざかるときは，またほぼ一定の高さになる。高さの変化をグラフで表せば図 1-17 のようになる。厳密にいえば，観測者が音源のルート上からはずれているときは，聴こえる音は初めから終わりまで下がり続けているはずである。

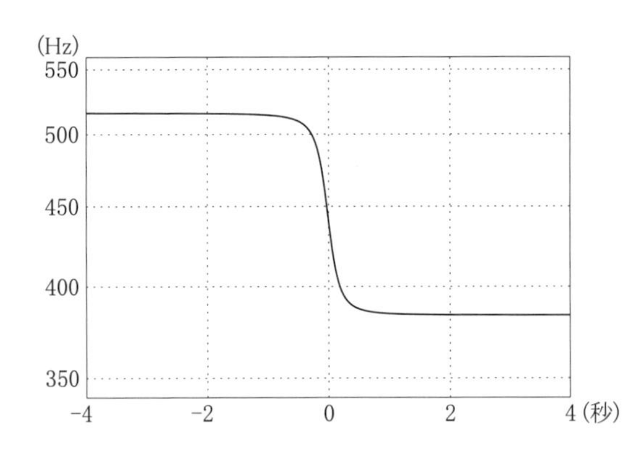

図1-17 経路からの距離10 m の観測者の横を，秒速 50 m で音源が通過した場合の音の周波数の変化。時刻 0 秒が最短地点通過時刻である。

さて，このようなドップラー効果が生じるメカニズムであるが，音源が動く場合と，観測者が動く場合では事情が異なる。両者が動いているときは 2 つの要因の混合状態となる。そこで，まず音源が動く場合を考えよう。

音源が動く場合のドップラー効果を図 1-18 に示す。図中，S_0，S_1 は音源の移動を示す。S_1 から広がる同心円（少しずれている）は音源から出される音の波面である。波面の動く速度は音源に関係なく一定であるので，図のように，音源の前面では，音源があとから追いつく分だけ波面どうしの距離が縮まり，波長が短くなる（λ_1）。一方，音源の後面では，図のように波面どうしの距離が広がり，波長が長くなる（λ_2）。結果として，音源の前面では周波数が大きくなり，後面では小さくなるのである。

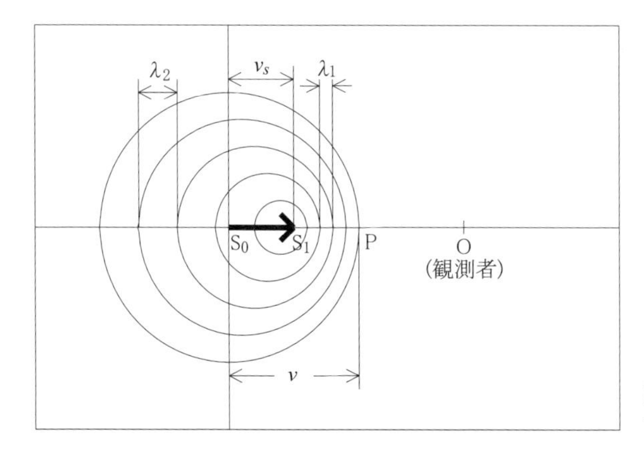

図1-18　音源が動く場合のドップラー効果。

これに対して，観測者が動く場合は，音源は静止しているので，波長が変化することはない。しかし，観測者が動けば，同じ時間にすれ違う波面の数が変化する。混んだ道で，雑踏の流れがある場合を考えてみよう。その中で立ち止まっているときと，雑踏の流れに逆らって歩いているときでは，後者のほうが一定時間内にすれ違う人数が多いであろう。同様に，観測者が音源の方向を向いて（波面の動きに逆らって）動くと，1 秒間にすれ違う波面の数は静止していたときより多くなる。聴こえる周波数は 1 秒間にすれ違う波面の数に他ならないので，結果として音は高く聴こえることになる。音源から遠ざかるときはその逆である。

しかしドップラー効果は，言語・聴覚のリハビリテーションとは，直接の関係はないであろう。

サンプル音 19～22 に，純音でシミュレートしたドップラー効果の音が収録されている。19 と 20 では，音源の速度は同じであるが，観測者の音源の移動ルートからの距離が異なる。音の高さの変化量は同じであるが，変化の速さが異なっている。21 は，19 とルートからの距離は同じだが，音源の速度が速くなっている。

筆者の居住地域では，私鉄の特急電車がメロディを奏でながら警笛を鳴らしていた。もともとあまり音程のいいものではないが，これにドップラー効果が加わることによって，さらに変なメロディになっているので，これもシミュレートしてみた（サンプル音 22）。

発展 ドップラー効果の計算式

ドップラー効果は実際にどのくらい音の高さを変えるのか，その計算式を紹介しよう。なぜこうなるかは，図 1-18 などをよく見ればわかるのであるが，詳細は割愛する。興味のある読者は高校物理の参考書などを見てほしい。その式とは

$$\text{聴こえる周波数} = \text{元の周波数} \times \frac{\text{音速} + \text{観測者の速度}}{\text{音速} - \text{音源の速度}} \tag{1.15}$$

ただし，互いに近づく場合の速度をプラスとしている。一方向をプラスとした場合には，分数の分子も引き算となる。計算の結果は同じである。

【問 5】時速 72 km で近づく救急車の音の高さの変化率を求めなさい。

解答：式 (1.15) で，右側の分数の部分だけを計算すれば，元の周波数に対する変化率が求まる。ここで，時速 72 km = 秒速 20 m なので

$$\text{変化率} = \frac{340 + 0}{340 - 20} = 1.0625 \fallingdotseq 1.06 \text{倍}$$

※ 変化率 1.06 倍とは，平均律のところで説明したように約半音の違いである。同様に，救急車が遠ざかるときも半音程度，元の音より低くなるので，この速度で救急車が通過するときは前後で半音 2 つ分，すなわち全音だけ音が下がることになる。今度，救急車がきたら，どのくらい音が下がるか注意してみよう。

6 回 折

(1) ホイヘンスの原理

水面の静かな池に石を落とすと，落ちたところを中心にして，同心円上の水面波がゆっくりと広がっていく。ホイヘンスは，この現象を詳細に考察した。その結果，「波面」という実体が存在するのではなく，水面の高さが変化したすべての場所から，小さな波が発生し，それらが重ね合わされて，新しい「波面」として進行していくと考えるのである。このような考えかたを**ホイヘンスの原理**（Huygens' principle）という（図 1-19）。

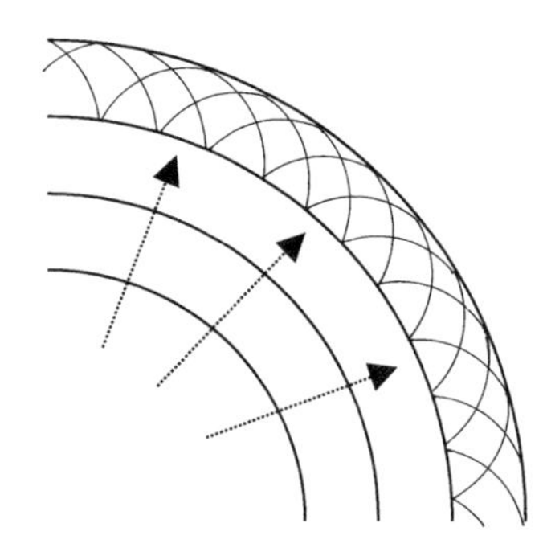

図1-19 ホイヘンスの原理。波面の各点から広がる小さな半円状の波を素元波（二次波）という。

波面が到達したすべての場所から新しい小さな波が発生する。この小さな波のことを**素元波**（**二次波**，**secondary spherical wavelets**）と呼ぶ。あらゆる波面上からこの素元波が発生し，同心円状に広がっていく。ただし，波面の進行方向の成分が相対的に強くなっている。このとき，波面の進行方向に対して垂直な左右方向の成分は，隣どうしの素元波で打ち消し合って消滅する。その結果，前方の成分だけが残り，波面はそのまま進行することになる。こうしたミクロな現象が，あらゆる場所で次から次へと発生した結果，波面はゆっくりと進行していくのである。

(2) 回折

ホイヘンスの原理は波の進行という現象を深く考察したものであるが，通常はとくに考えに入れなくとも，それほど問題はない。しかし，進行波の進む場所に障害物が存在すると，素元波が重要な役割を果たすようになる。

いま，平面波（平行に進む波）が進行する中に，途中で切れている障害物があるとしよう（図 1-20）。ここで，ちょうど障害物を越えた瞬間の波面上で素元波を考える。障害物から離れたところでは，ホイヘンスの原理での説明がそのまま使えるので，前方の成分のみが残り，波面は前進する。しかし，障害物の近くでは，波面の進行方向に対して垂直な，素元波の左右の成分について，左右対称ではない。障害物のところでは面が途切れているため，その付近では進行方向に対して右向きの素元波を打ち消すような隣の素元波が存在しない。このため，右向きの成分が残ってしまい，前方の成分と合わさることにより，斜め右向きにも波面が進行することになる。

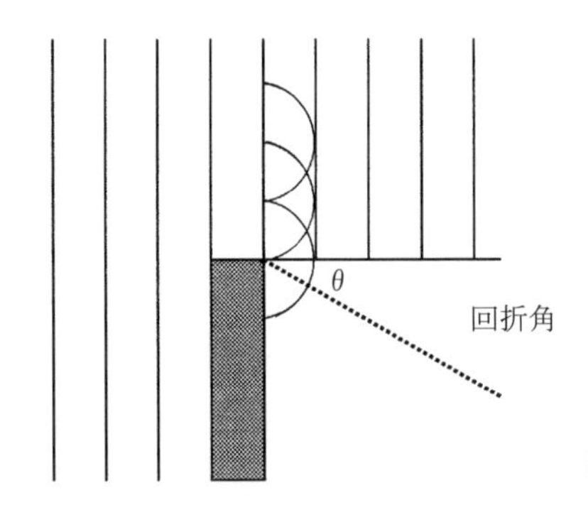

図1-20 障害物による回折。

このように，結果として進行波が障害物の背面に回り込む現象のことを**回折**（かいせつ，diffraction）という。紛らわしい言葉に「解析（かいせき）」があるので，気をつけよう。回折は，進行波中に障害物があるときの他，進行波が隙間や小さい穴を通過することによっても生じる（図 1-21）。原理は同様である。

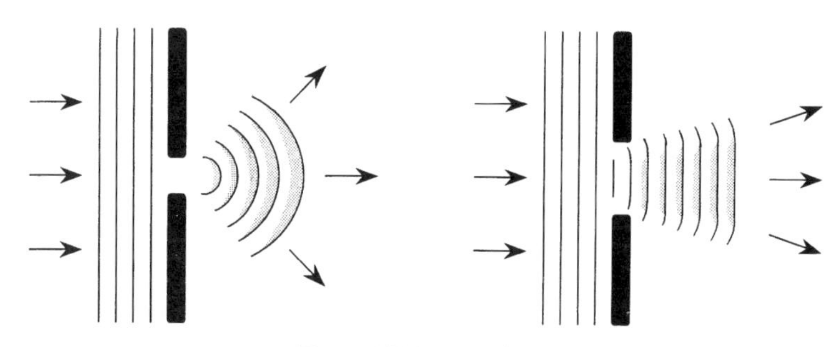

図1-21　隙間による回折。

では，回折が生じるとき，どのような要因によって，どの程度回り込むのであろうか。まず，図 1-21 からもわかるように，隙間が狭いほどよく回り込む。また，波長が長いほどよく回り込むことがわかっている。回折角が小さいときには，おおよそ回折角は波長に比例し，隙間の幅に反比例する。

$$\text{回折角} = \frac{\text{波長}}{\text{隙間の幅}} \tag{1.16}$$

このようになるメカニズムに興味のある読者は，物理の参考書などを参照してほしい。

回折角の外には，まったく波面が到達しないわけではない。その様子をグラフに示すと，図 1-22 のようになる。図中，a は隙間の幅であり，λ は波長である。グラフからわかるように，回折角 $\pm\lambda/a$ よりも外側では，内側に比べてほとんど強さがなく，実質的には，波が到達するのは回折角の内側のみである。

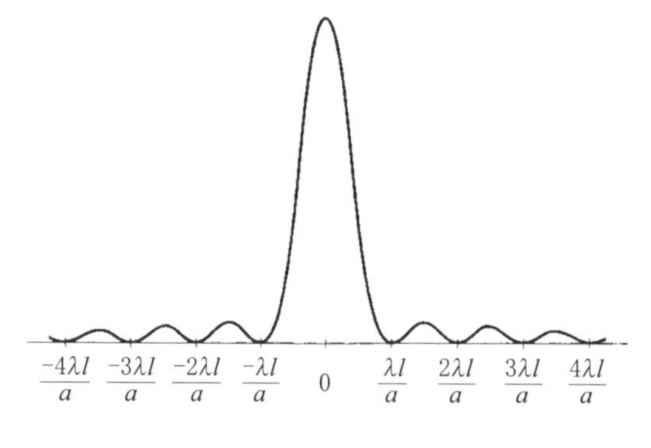

図1-22　回折角と波の強さの関係。l は，スリットから波の強さを観測する地点（スクリーンなど）までの，距離を示す。（出典：小出昭一郎『物理学・三訂版』裳華房，1997）

(3) 頭の陰影効果

音の場合の回折を考えよう。波長が長いほど，周波数は小さくなるので，音の場合，低い音のほうがよく回折することになる。その一例として，音源に対して横を向いた人の耳に聴こえる音を考えよう。周囲の反射音がないか，ごく小さい環境であれば，音源と反対側の耳は，頭部という障害物に直接音の到達を妨げられている。音源の反対耳には，回折によって回り込んだ音のみが聴こえることになるのである。すると，回折角と波長の関係によって，音源と反対耳には，低い音はよく回り込むが，高い音はあまり回り込まないために聴こえないという現象が生じる。すなわち反対耳では高周波音は聴き取りにくい。これを**頭の陰影効果**（**head shadow effect**）という（図 1-23）。

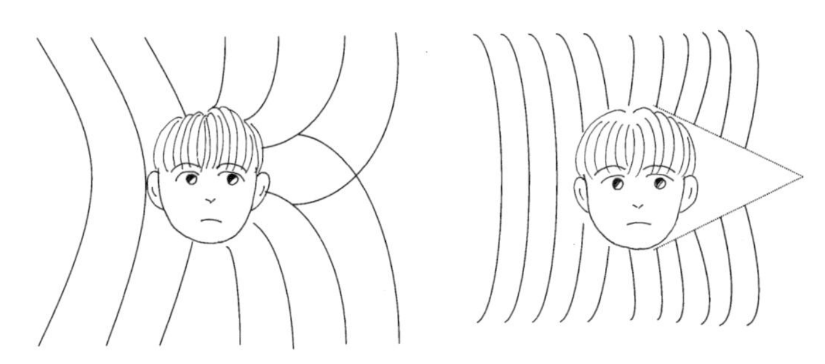

図1-23 頭の陰影効果。高音（右図）では，音が十分反対耳に回り込まず，影になる部分が生じる。

7 反射と屈折

(1) 反射

波が反射するメカニズムは，詳細に理解しようとするとかなり複雑であるが，その結果はきわめて単純である。すなわち，図 1-24 のように，入射角と反射角は等しくなる。この法則はたいへんわかりやすく，多くの球技で，選手は感覚的に理解している。

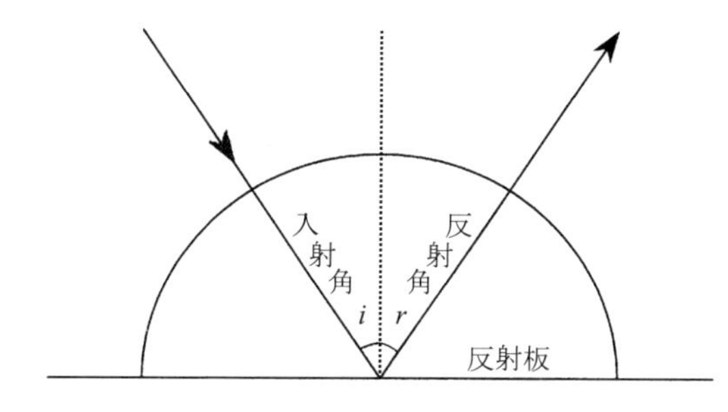

図1-24　反射の法則。入射角と反射角は等しい。

音の場合，壁面や天井による反射が問題になることが多いが，室内空間で，反射によって不自然な共鳴が生じないように配慮するのが普通である。コンサートホールの音響などにとって，音の反射は重要な要素であるが，通常の音声会話では，それほど気にすることはないであろう。ただし，室内の反射や吸収による残響特性や反響特性は，言葉の聞き取りにかなり大きな影響を及ぼすことは心にとめておくべきである。部屋の環境によって話がわかりづらくなることがあるからである。

(2) 屈折

屈折とは，波を伝える物質，すなわち**媒質**（medium）の特性によって，波の進行方向が曲がる現象のことである。図 1-25 のように屈折角を定めると，屈折後の媒質中の波が伝わる速度が遅いほど屈折角は小さくなる。

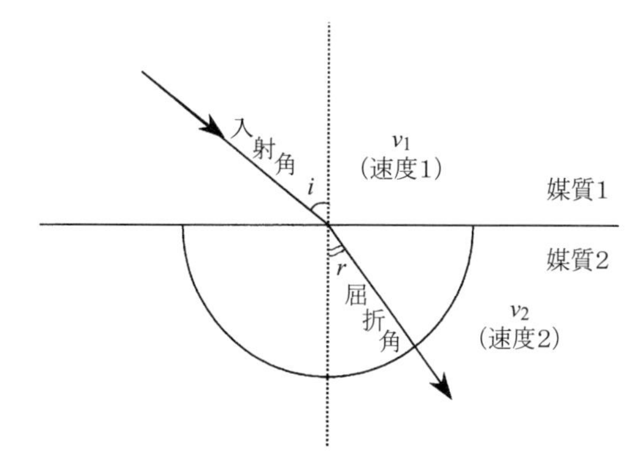

図1-25　屈折の法則。媒質 1 より媒質 2 のほうが波の速度が遅い場合。

通例，2 種類の異なる媒質が境界面で接しているとき，波の進行速度が境界面で急激に変化すると，波の進行する角度が変わる。これは，波は粒子のように点で進むのではなく，波面として面で進行するため，先に境界面に到達する内側から進行速度が変わっていくため，結果として波面の向きが変わるのである。図では，媒質 2 の速度のほうが遅くなっているが，たとえば 4 輪のタイヤで走る車で，右のタイヤだけ遅くなれば，自然と車は右方向に曲がるのと同じである。

入射角・屈折角と波の伝わる速度の関係は，図の詳細な考察によって次のように与えられる。

$$\frac{\sin(\text{入射角})}{\sin(\text{屈折角})} = \frac{\text{媒質 1 中の速度}}{\text{媒質 2 中の速度}} \tag{1.17}$$

三角関数がわかりづらい場合，角度が小さければ，角度自体が速度に比例すると考えてよい。式 (1.17) の正確な理解のためには，物理の参考書などを参照してほしい。

音の場合，屈折という現象はそれほど問題になることはないが，音速は空気の温度によって異なるため，地面からの距離によって温度差のあるときに，音の進行方向が緩やかなカーブとなることがある。一般的に，夜は地面が冷やされて，地表付近のほうが音速が小さいため，音は地面に対して弧を描くように進む。このため，夜になると，昼間は間の障害物のために聴こえなかったような遠くの電車の音などが聴こえることがある（図 1-26）。夜になったら，何が聴こえるか，耳を澄ましてみよう。

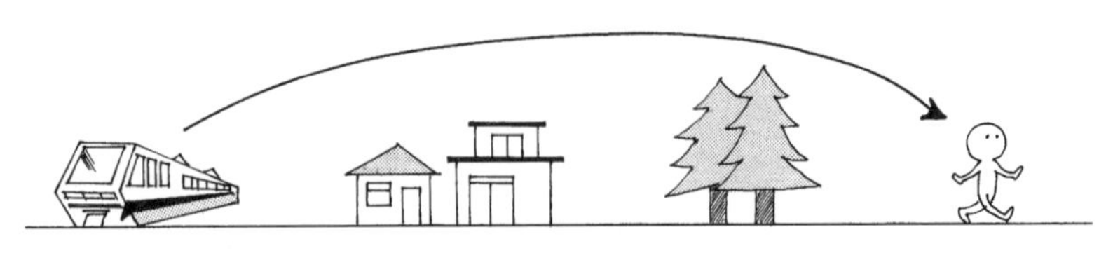

図1-26 音の屈折の例。夜になると遠くの音が聴こえる。

第2章 ●●● 音の強さの尺度

本章では，音を専門とする者に欠かすことのできない，dB（デシベル）を中心に解説する。dB は，音声・聴覚分野では日常的に使用しているが，その正確な理解は案外と難しい。その理由として，数学的な難しさもあるが，各種 dB の基準値，あるいは dB の意味自体（音圧，音の強さの比率）を正しく理解していないことが少なくない。また，音圧と音の強さの関係も，詳しくは流体力学の知識が求められることから，なかなか納得できないところであろう。

言語聴覚士の国家試験で唯一出題される？ 数値問題の分野でもあり，ともすると専門家でも勘違いすることのある dB 関連部分を正確に身につけたいものである。

1 音圧と音の強さ

(1) 音の強さと大きさ

dB についての本格的な説明に入る前に，まず基本的な言葉の使いかたに注意する必要がある。それは，音の「強さ」と音の「大きさ」の違いである。日常会話では同じような意味で使われることが多いが，音声・聴覚の分野では厳格に使い分けられる。ここで簡単に要約すると

音の強さ（intensity）：　物理的なエネルギー，刺激の程度
音の大きさ（loudness）：　聴こえるうるささ，感覚の程度

をそれぞれ意味する。とくに音の「強さ」は音波の持つエネルギーの面密度そのものと等価であるので，「音のエネルギー」などと書かれていても，音の強さと同じ意味で使われていることに注意しなくてはいけない。あとに説明する

「音圧」は音の強さと単純な関係にあり，定性的には同じものと考えてかまわないことも多い。

一方，音の「大きさ」は感覚の尺度であり，音波の物理的な強さとは直接の関係を持たない。「大きさ」は，心理的な測定実験によって，その程度が定められる。本章で解説する dB は，基本的に音の強さの尺度であることを心に留めておくべきである。

(2) 音圧

前に述べたように，音波は疎密波であり，空気中の密度変化が伝播方向に伝わっていく。このとき，密になるところは空気の圧力が高まり，疎になるところでは圧力が減少する（圧縮すると密度が高くなるのと同じである）。言葉を換えれば，音波とは，空気中の圧力の変化が伝播方向に伝わっていくのである。そのため，疎密波は別名，圧力波とも呼ばれる。

大気中には，もともと大気圧と呼ばれる空気の圧力が存在する。私たちは，その圧力（大気圧）を全身に受けて生活しているのであるが，普段そのことに気づくことはない。この大気圧は音波がなくても存在しているが，その気圧の大きさは音波自体の圧力とは別物である。音波が生じると，この平衡状態にある大気圧からわずかにずれた圧力が局所的に生じる。この空気の圧力の平衡状態からのずれを**音圧**（sound pressure）と呼ぶ。なお，音圧を縦軸として音波の波形をグラフ表示することは多いが，一般的にその音の音圧とは，圧力グラフの最大値ではなく，実効値と呼ばれる平均的な値を指している。純音の場合，実効音圧は最大値の $1/\sqrt{2}$ 倍（＝約 70 %）である。ちなみに，家庭用コンセントの電圧は 100 V であるといわれるが，これも実効値であり，実際の電圧の最大値は約 140 V である。

音圧も圧力の一種であるから，数値で扱うときには圧力の単位を用いる。その基準単位は Pa（パスカル）と呼ばれる。

$1\,\mathrm{Pa} = 1\,\mathrm{N/m^2}$ $\cdots$ $1\,\mathrm{m^2}$ あたり 1 N（ニュートン，約 102 g 重）の力がかかる圧力の大きさ

圧力を記号で示す場合は P を多く用いるが，こちらは pressure の略であるので，混同しないようにしたい。1 Pa とは，1 m^2 の軽い板の上に，およそ 100 g の挽肉を均一に広げたときに下側で感じる重さに等しいから，それほど大きな圧力ではないことがわかるであろう。

〔例 1〕大気圧はどれくらいの圧力か考えてみよう。気候によって変動があるが，およその値は 1000 hPa（ヘクトパスカル）程度である。「ヘクト」は 100 倍を意味するので，この値は

$$\begin{aligned} 1000\,\mathrm{hPa} &= 1000 \times 100\,\mathrm{Pa} \\ &= 100000\,\mathrm{Pa} = 100000\,\mathrm{N/m^2} \fallingdotseq 10000\,\mathrm{kg\ 重/m^2} = 10\,\mathrm{t/m^2} \end{aligned}$$

と計算される。人間の表面積は 1 m^2 と大きく異ならないとすると，大気圧によって人間は，およそ 10 t もの大きな力を受けていることになる。10 t といえば大型トラックの重量であり，このような大きな力を受けても人間が押しつぶされないのは，あらゆる方向から等しく力を受けるという，圧力の持つ性質（パスカルの原理）のおかげである。むしろ人間は，これだけの圧力がなくなると，すぐに酸欠などになって死んでしまうのである。ちなみに，科学の研究をしたパスカルと，「人間は考える葦である」といった哲学者のパスカルは，同一人物である。

〔例 2〕もう 1 つの例として，人間が聴くことのできる最も弱い音の音圧を考えてみよう。実際にはもっと細かい議論が必要であるが，いまおおよその値として，dB SPL の基準値でもある 20 μPa（マイクロパスカル）を取り上げる。「マイクロ」は 100 万分の 1 を意味するので

$$20\,\mu\mathrm{Pa} = 20 \times 0.000001\,\mathrm{Pa} = 0.00002\,\mathrm{N/m^2} \fallingdotseq 0.002\,\mathrm{g\ 重/m^2}$$

この数字が意味するところをそのまま文にすると，「もし 1 m^2 の鼓膜があったとき，そこへ砂糖一粒よりももっと軽いものを置いたときの違いを感じる」

ということである。実際の鼓膜はおよそ 1 cm^2 程度であるので，考えられないくらい微妙な圧力の差を感じられるということになる。一方で 10 t もの力を受けながら，このような小さな圧力の差を弁別できることになり，人体の不思議といわざるをえないであろう。

(3) 音圧と音の強さの関係

前述したように，音の強さとは音波のエネルギー（の面密度）のことである。音圧と音波のエネルギーの関係は，流体力学による微小空間の考察によって導かれるが，その結論は簡単である。音圧が 2 倍，3 倍となると，音のエネルギーは 4 倍，9 倍となる。すなわち，音の強さ（エネルギー）は音圧の 2 乗に比例するのである。式で表示すれば

$$\text{音の強さ} = \text{比例定数} \times \text{音圧}^2 \tag{2.1}$$

となる。より詳細には

$$\text{音の強さ} = \frac{\text{音圧}^2}{\text{空気の密度} \times \text{音速}} \tag{2.2}$$

となる。音の強さの単位は W/m^2 である。

2 デシベル

(1) 音の強さに対する感覚とデシベル

人間の感覚は，刺激が強くなるに連れてそのまま比例して感じるようにはできていない。大雑把には，弱い刺激に対しては敏感で，強い刺激に対しては鈍感である。そうすることによって幅広い範囲の強さの刺激を受容することができ，なおかつ刺激の強さに応じた弁別能力を有することができるのである。

では，音の強さに対して，人間の聴覚はどのように感じるのであろうか。音の強さが 10 倍，100 倍，1000 倍と増加するとき，音の大きさがおおよそ同じ割合で増加するように感じるといわれている（フェヒナーの法則）。あとで述

べるように，この法則はより正確には多少の変更を必要とするが，大雑把には刺激と感覚の関係を表現するものとして定着している。

そこで，この法則を基に，音の大きさの感覚に近い音の強さの尺度を決めることにする。いま，表 2-1 のように音の強さの変化を表したとき，音の強さを 10 倍にすると，音の大きさが a だけ増加したとする。フェヒナーの法則は，このあと音の強さが 100 倍，1000 倍，… となっても，その都度同じ量だけ大きくなったように感じるわけであるから，100 倍のときは $2a$ だけ増加したように感じ，1000 倍なら $3a$ だけ増加したように感じると考えられる。

表 2-1　音の強さ，音圧とデシベルの関係

音圧	音の強さ	音の大きさ	ベル	デシベル
	10 倍	a だけ増加	1	10
10 倍	100 倍	$2a$ だけ増加	2	20
	1000 倍	$3a$ だけ増加	3	30
100 倍	10000 倍	$4a$ だけ増加	4	40
	100000 倍	$5a$ だけ増加	5	50

そこで，この音の大きさの感覚を生かした単位として，大きさが a だけ増加するような音の強さの比率を 1 ベルと定義する。つまり，音の強さが 10 倍なら 1 ベル，100 倍なら 2 ベル，1000 倍なら 3 ベルとするわけである。そうすれば，このベル単位は音の大きさの感覚にほぼ比例すると考えられる。ただしベルは，あくまで音の強さによって定義しており，大きさの感覚を実験などで測定しているわけではない。その意味で，あくまで音の強さの尺度である。

こうして定義されるベルであるが，実際に使用するには，音の強さの 10 倍を単位にしているので，やや大雑把である。そこで，ベルの 10 分の 1 の単位をデシベル（dB）と定義する。体積の単位である 1 リットルの 10 分の 1 を 1 デシリットルと呼ぶのと同じである。すると

$$1\ \text{ベル} = 10\,\text{dB}\ (\text{デシベル})$$

となるため，音の強さが 10 倍で 10 dB，100 倍で 20 dB，1000 倍で 30 dB，… となる。

また，音圧との関係では，音圧が 10 倍になると音の強さは 100 倍になるた

め，表のような対応関係となり，音圧が 10 倍で 20 dB，100 倍で 40 dB，$\cdots$ となる。この中の基本的な関係

10 dB で，音の強さが 10 倍
20 dB で，音圧が 10 倍

は重要である。ぜひ記憶に留めよう。

サンプル音 23〜26 に，dB の値によってどの程度音の強さが変わるのかを示す音が入っている。23 では 10 dB ずつ音を弱くしている。同様に，24 では 5 dB ずつ，25 では 3 dB ずつ，26 では 1 dB ずつ弱くしている。dB という値の，だいたいの感覚をつかむのに利用しよう。

(2) 対数（log）

デシベルは，数学的には対数を用いて表現される。そこで，ここで対数というものについて基礎的な事項をまとめておこう。高等学校の数学で学んだ読者も多いと思うが，高校での授業は応用のレベルが高いため，難解に感じる向きもあるかもしれない。しかし，基本的なことはシンプルであるので，本項で適切に理解してほしい。

まず，簡単な例から見てみよう。

$$100 = 10^2$$

であるが，同じ意味で

$$\log_{10} 100 = 2$$

と表す。この 2 つの式の対応関係を理解しなければいけないが，言葉で表せば，log とは「100 は 10 の何乗か」を表しているのである。一般的には，2 の何乗とか，e の何乗などと，乗じる数は自由であるが，本書では以後，log はつねに 10 の何乗かを意味すると決める（常用対数という）。したがって，乗じる数の 10 を省略して

$$\log 100 = 2$$

のように表記することにする。この式から，「100 は 10 の 2 乗」と読むのである。

ここで，対数の基本的な性質を調べよう。

$$\log 1000 = 3$$

であるが，同じ式を

$$\log(100 \times 10) = 3 = 2 + 1 = \log 100 + \log 10$$

とも書ける。この式の両端の項を一般化すると

$$\log(a \times b) = \log a + \log b \tag{2.3}$$

となる。また，同様に

$$\log(100 \div 10) = 1 = 2 - 1 = \log 100 - \log 10$$

を一般化して

$$\log(a \div b) = \log a - \log b \tag{2.4}$$

あるいは

$$\log \frac{a}{b} = \log a - \log b \tag{2.5}$$

である。また，$\log 1000000 = 6$ であるが，$1000000 = 100^3$ でもあるので

$$\log(100^3) = 6 = 3 \times 2 = 3 \times \log 100$$

である。この式の両端を一般化すれば

$$\log x^a = a \times \log x \tag{2.6}$$

である。

(3) デシベルの式

いま，対数の定義どおりに数値を並べてみる。

$$\log 10 = 1$$
$$\log 100 = 2$$
$$\log 1000 = 3$$

すると，前述の表 2-1 と見比べたとき，左辺の log の中身は音の強さの倍率に，右辺はベルに対応しているのがわかる。そこで，この関係をそのまま数式で表すことにすると

$$\text{ベル} = \log(\text{音の強さの倍率})$$

となる。ここで「倍率」とは，あくまで 2 つの量の相対的な関係に過ぎない。単に音の強さが与えられても，「～倍」というためには基準となる量が必要である。「私の身長は～倍」といっても意味はないが，「私の身長は，あなたの～倍」といえば意味をなす。いま，音の強さを I，音の強さの基準値を I_0 とすれば，倍率は I/I_0 となるので

$$\text{ベル} = \log\frac{I}{I_0}$$

となる。

次に，このベルの値をすべて 10 倍すればデシベルとなるので

$$\text{デシベル} = 10 \times \log\frac{I}{I_0} \tag{2.7}$$

と表示される。これが音の強さによるデシベルの定義式である。ここで，基準値 $I_0 = 10^{-12}\ \text{W/m}^2$ とすれば，このデシベルは dB IL（intensity level）と呼ばれる量になるが，この値は結果的には，あとに述べる dB SPL と同じになる。

次に，音圧との関係であるが，表 2-1 と以下の関係

$$\log 10 = 1$$
$$\log 100 = 2$$

から，左辺の log の中身を音圧の倍率とすると，右辺を 20 倍すれば，ちょうどデシベルの値になる。そこでそのまま数式で表示すれば

$$\text{デシベル} = 20 \times \log(\text{音圧の倍率})$$

である。音の強さのときと同様，実際の音圧について倍率を考えるには基準値が必要である。音圧を P，音圧の基準値を P_0 とすれば，倍率は P/P_0 となるので

$$\text{デシベル} = 20 \times \log\frac{P}{P_0} \tag{2.8}$$

と定義される。これが音圧によるデシベルの式である。単にデシベルという場合には，基準値を特定していないので，単に音圧（あるいは音の強さ）の倍率を意味しているに過ぎない。間違えないようにしよう。基準値は，いくつかの決めかたがあり，それによって何種類かのデシベルの値が存在する。基準値に言及することを省略している場合もあるので，単に倍率を表す場合と混同しないよう，くれぐれも注意が必要である。

3 デシベルの計算

デシベルを定義式で理解しても，実際に計算してみないと，なかなか実感がわかないものである。また，実務に就いても，デシベルの値は日常的に用いるものの，その定義式や基準値をその都度意識することは少なくなるであろう。そこで，本節では，具体的にさまざまなパターンについてデシベルについての計算を行うことで，デシベルと音圧，音の強さとの関係をより深く理解することを目指そう。以下に，やや詳細にデシベルの計算について解説を行うので，各自で練習問題を解いてみて，理解を確実なものにしてほしい。

(1) 音圧比 → dB に変換

音圧の倍率がわかっているとき，その倍率から dB の値を求めるには，式 (2.8) を用いてそのまま計算すればよい。その答えは，関数電卓などを用いて計算すれば，容易に求めることができる。しかし，ここではデシベルについての理解を深めるため，また，国家試験では電卓は用いないこともあり，あえて手計算による解法を考える。表 2-2 に音圧と 0 dB～20 dB の値の対応を示すが，主要な log の値を覚えたら，この表を用いずに計算できるようになりたい。

音圧 10 倍や 1 倍のように定義から dB の値が明らかなものはいいが，それ以外の log の値も用いることになるため，ここにその近似値の一部を示すと

$$\log 2 = 約\ 0.301$$
$$\log 3 = 約\ 0.477$$

となる。このうち，$\log 3$ については，元々中途半端な値であるので，本書で計算練習をするために用いるが，$\log 2$ については，ほぼ 0.3 に近い値のため

$$\log 2 = 0.3$$

とみなして計算することも多い。実際，国家試験や実務ではこの値を用いた dB の値を日常的に用いるので，本書では，数値処理としては不適切であるが

$$\log 2 = 0.3$$
$$\log 3 = 0.477$$

として，計算することにしよう。

表 2-2　音圧比 → dB 対応表

音圧比	dB	計算式
1	0	$\log 1 \times 20 = 0$
2	6	$\log 2 \times 20 = 0.301 \times 20$
3	9.5	$\log 3 \times 20 = 0.477 \times 20$
4	12	$4 = 2 \times 2 \rightarrow 6\,\mathrm{dB} + 6\,\mathrm{dB}$ ／ $\log 4 \times 20 = 0.602 \times 20$
5	14	$5 = 10 \div 2 \rightarrow 20\,\mathrm{dB} - 6\,\mathrm{dB}$ ／ $\log 5 \times 20 = 0.699 \times 20$
6	15.5	$\log 6 \times 20 = 0.778 \times 20$
7	17	$\log 7 \times 20 = 0.845 \times 20$
8	18	$8 = 2 \times 2 \times 2 \rightarrow 6\,\mathrm{dB} + 6\,\mathrm{dB} + 6\,\mathrm{dB}$ ／ $\log 8 \times 20 = 0.903 \times 20$
9	19	$9 = 3 \times 3 \rightarrow 9.5\,\mathrm{dB} + 9.5\,\mathrm{dB}$ ／ $\log 9 \times 20 = 0.954 \times 20$
10	20	$\log 10 \times 20 = 1 \times 20$

【問 1】音圧比が 60 倍のときの dB の値を求めよ。

解答：式 (2.8) より

$$\begin{aligned}\text{dB 値} &= 20 \times \log 60 = 20 \times \log (2 \times 3 \times 10) \\ &= 20 \times (\log 2 + \log 3 + \log 10) \\ &= 20 \times (0.3 + 0.477 + 1) \\ &= 20 \times 1.777 \\ &= 35.54\,\mathrm{dB}\end{aligned}$$

【問 2】音圧比が 720 倍のときの dB の値を求めよ。

解答：式 (2.8) より

$$
\begin{aligned}
\text{dB 値} &= 20 \times \log 720 = 20 \times \log (2 \times 2 \times 2 \times 3 \times 3 \times 10) \\
&= 20 \times (3 \times \log 2 + 2 \times \log 3 + \log 10) \\
&= 20 \times (3 \times 0.3 + 2 \times 0.477 + 1) \\
&= 20 \times 2.854 \\
&= 57.08\,\text{dB}
\end{aligned}
$$

次に，音圧の倍率が 1 より小さい場合を計算してみよう。

【問 3】音圧比が 0.048 倍のときの dB の値を求めよ。

解答：式 (2.8) より

$$
\begin{aligned}
\text{dB 値} &= 20 \times \log 0.048 = 20 \times \log (48 \div 1000) \\
&= 20 \times \log (2^4 \times 3 \div 1000) \\
&= 20 \times (4 \times \log 2 + \log 3 - \log 1000) \\
&= 20 \times (4 \times 0.3 + 0.477 - 3) \\
&= 20 \times (-1.323) \\
&= -26.46\,\text{dB}
\end{aligned}
$$

音圧比（倍率）をかけ算に分解するしかたは 1 通りではないので，それによっていくつかの計算方法がある。

(2) dB → 音圧比に変換

次に，前項とは逆に，dB から音圧比を求めるやりかたを考える。とりあえず表 2-3 に先ほどと逆の対応表を示すが，こちらも表に頼らずに計算できるようになりたい。

その際，表なしで中途半端な dB の値を記憶して計算するのは実際的でなく，問題となるのは log 2 の値を用いる場合のみであるので，その場合に限定して計算練習をすることにする。

また，数学的に先ほどと逆の関数を用いて計算することもできるが（表 2-3 を参照），これも現実的ではないため，先ほど音圧比から dB を求めたプロセスを逆にたどるやりかたを考えよう。

表 2-3　dB → 音圧比対応表

dB	音圧比	計算式	dB	音圧比	計算式
0	1.00	10^0	11	3.55	$10^{11/20}$
1	1.12	$10^{1/20}$	12	3.98	$10^{12/20} = 10^{3/5}$
2	1.26	$10^{2/20} = 10^{1/10}$	13	4.47	$10^{13/20}$
3	1.41	$10^{3/20}$	14	5.01	$10^{14/20} = 10^{7/10}$
4	1.59	$10^{4/20} = 10^{1/5} = \sqrt[5]{10}$	15	5.62	$10^{15/20} = 10^{3/4}$
5	1.78	$10^{5/20} = 10^{1/4} = \sqrt[4]{10}$	16	6.31	$10^{16/20} = 10^{4/5}$
6	2.00	$10^{6/20} = 10^{3/10}$	17	7.08	$10^{17/20}$
7	2.24	$10^{7/20}$	18	7.94	$10^{18/20} = 10^{9/10}$
8	2.51	$10^{8/20} = 10^{2/5}$	19	8.91	$10^{19/20}$
9	2.82	$10^{9/20}$	20	10.00	$10^{20/20} = 10^1 = 10$
10	3.16	$10^{10/20} = 10^{1/2} = \sqrt{10}$			

【問 4】72 dB は音圧の何倍に相当するか。

解答：まず，log の値がはっきりわかるのは 10 倍と 2 倍であるので，72 dB を，それに相当する 20 dB と 6 dB に分けて，その後，前項の逆のプロセスをたどる。

$$
\begin{aligned}
72\,\mathrm{dB} &= 20\,\mathrm{dB} \times 3 + 6\,\mathrm{dB} \times 2 \qquad \cdots\cdots ① \\
&= 20 \times \log 10 \times 3 + 20 \times \log 2 \times 2 \\
&= 20 \times (3 \times \log 10 + 2 \times \log 2) \\
&= 20 \times \log (10^3 \times 2^2) \qquad \cdots\cdots ② \\
&= 20 \times \log 4000 \\
&\rightarrow \text{音圧比 } 4000 \text{ 倍}
\end{aligned}
$$

と，おおむねこういう流れになる。

別解：基本的に上と同じ解法であるが，途中のプロセスを省略した簡便な方法があるので紹介したい。

まず，この少々難解な上の流れをよく眺めてみる。この解法で答えの「4000 倍」という数字を導くには，②のカッコの中を計算すればいいわけであるが，この式と①の式をよく比べてみよう。

カッコの中の 10 は 20 dB に対応し，3 乗は①の「×3」に対応する。同様に，2 は 6 dB に対応し，2 乗は「×2」に対応する。つまり，それさえわかれば，途中の式の変形は飛ばして次のように解くことができる。

$$72\,\mathrm{dB} = 20\,\mathrm{dB} \times 3 + 6\,\mathrm{dB} \times 2$$
$$\rightarrow 10^3 \times 2^2 = 4000$$

〔答〕音圧比 4000 倍

となり，たいへん容易に計算できる。

【問 5】34 dB は音圧の何倍に相当するか。

解答：まず，20 dB と 6 dB に，そのままではうまく分けられないように見える。この場合は引き算を利用しよう。

$$34\,\mathrm{dB} = 20\,\mathrm{dB} \times 2 - 6\,\mathrm{dB}$$
$$\rightarrow 10^2 \div 2 = 50$$

〔答〕音圧比 50 倍

引き算の場合は，音圧比の計算が割り算になることに注意しよう。log の計算の公式によっている。

さらに，マイナスの場合も見ておこう。

【問 6】−46 dB は音圧の何倍に相当するか。

解答：同様に

$$-46\,\mathrm{dB} = -20\,\mathrm{dB} \times 2 - 6\,\mathrm{dB}$$
$$\rightarrow 1 \div 10^2 \div 2 = 0.005$$

〔答〕音圧比 0.005 倍

マイナスばかりの場合は，最初に 1 が必要である。また 46 dB が

$$46\,\mathrm{dB} = 20\,\mathrm{dB} \times 2 + 6\,\mathrm{dB}$$
$$\rightarrow 10^2 \times 2 = 200$$

となり，音圧比 200 倍であることから，$\frac{1}{200}$ 倍と言っても間違いではない。

(3) dB SPL → 音圧に換算

ここで，はじめて dB の基準値を 1 つ導入する。詳しくはあとで述べることにして，音圧が 20 μPa を基準値とするデシベルを dB SPL（音圧レベル）と呼ぶ。すなわち

$$0\,\mathrm{dB\ SPL} = 20\,\mu\mathrm{Pa} \qquad (= P_0)$$

とするのである。すると，dB SPL の値がわかれば，音圧そのものがわかることになる。

【問 7】86 dB SPL の音圧は何 mPa（ミリパスカル）となるか。

解答：ここで

$$1\,\mathrm{Pa} = 1000\,\mathrm{mPa}$$
$$1\,\mathrm{mPa} = 1000\,\mu\mathrm{Pa}$$
$$1\,\mathrm{Pa} = 10^6\,\mu\mathrm{Pa} = 1000000\,\mu\mathrm{Pa}$$

であることに気を付けよう。計算の順としては

① dB → 音圧比を求める
② 基準値（20 μPa）に音圧比をかける

となる。

①
$$86\,\mathrm{dB} = 20\,\mathrm{dB} \times 4 + 6\,\mathrm{dB}$$
$$\to 10^4 \times 2 = 20000$$
音圧比：20000 倍

②
$$20\,\mu\mathrm{Pa} \times 20000 = 400000\,\mu\mathrm{Pa}$$
$$= 400\,\mathrm{mPa}$$ （単位の変換に注意！）

では，もう 1 題，同じ要領で自力で解いてみよう。

【問 8】聴覚の上限といわれる 120 dB SPL の音圧は何 Pa となるか。

解答：20 Pa（解法の詳細は省略。問 7 を参考に，自分でやってみよう）

(4) 音圧 → dB SPL に換算

最後に音圧から dB SPL の値を求める練習をしよう。基本的には逆の手順になるのであるが，それをまとめると

① 単位を μPa に換算する
② $20 \times \log$ (音圧/20 μPa) を計算する

となる。

【問 9】8 mPa は何 dB SPL か。

解答：順に以下のように計算する。
① 8 mPa = 8000 μPa
② $20 \times \log(8000\,\mu\text{Pa}/20\,\mu\text{Pa})$
$= 20 \times \log 400$
$= 20 \times \log(2^2 \times 10^2)$
$= 20 \times (2 \times \log 2 + 2 \times \log 10)$
$= 20 \times (2 \times 0.3 + 2 \times 1)$
$= 20 \times 2.6$
$= 52$ dB

最後にもう一題，自力で解いてみよう。

【問 10】4 Pa は何 dB SPL か。

解答：106 dB SPL（解法の詳細は省略。問 9 を参考に，自分でやってみよう）

4 デシベルの基準値

(1) 音圧レベル

音圧によって定義される dB の値のうち，最も基礎的となるのが，つねに基準値として一定の値を持つ音圧レベル（sound pressure level，dB SPL）であ

る。その基準値は前述のように

$$0\,\mathrm{dB\,SPL} = 20\,\mu\mathrm{Pa}$$

である。この値は，周波数や，実験や測定時の被験者（被検者[*1]）によって変動することはない。このため，dB SPL は他の dB の値を定義するための値としても使用される。

基準値が物理的に確定する，というのが dB SPL の特徴であるため，多くの音響機器や補聴器などで特性を示す指標として使用されている。

発展 重み付け音圧レベルとは？ —A 特性とは何か

音圧レベルは上述のように，基準値は 20 μPa と一定値であるが，その際，周波数によって高周波域や低周波域を小さく評価した上で，この基準値を適用するという方法がある。読者のみなさんが実務上これを直接意識することは少ないと思われるので，この欄で触れておきたい。

重み付けのしかたは主に 3 通りあり，その周波数特性に応じて，A 特性，C 特性，F（平坦，フラット）特性と呼ばれる（図 2-1）。F 特性はとくに音圧を変更していないので，何も重み付けを行っていないのと同じである[*2]。A 特性は低周波域と高周波域の一部を相当カットした上で，基準値との比率を求めて，dB の値を計算している。こうした処理を施すのは，人間の聴覚にとって低周波域や高周波域はあまり大きく感じないという理由も含まれており，かつては聴感特性などとも呼ばれていた。しかし，現在では正確な聴感を表しているものではないため，その名称で呼ばれることはない。C 特性は低周波域と高周波域をわずかにカットしたもので，中間的である。こうした重み付け音圧レベルは，たとえば騒音レベルなどに用いられる。どの特性を用いているかを明示しなければいけないが，とくに断りがなければ A 特性を用いているものとされる。dB (A) と表記されることもある。

このあと説明する dB HL や dB SL などの基準値として dB SPL を用いる場合は，このような重み付け（とくに A 特性）はしていないので，誤解しないようにしたい。

[*1] 実験の場合は「被験者」，聴力などの測定では「被検者」と書く。本書では主に「被検者」を用いる。

[*2] 「F 特性」という表記は，他の意味との混同を招きやすいので注意が必要であるが，国家試験にこの用語で出題されているため，本書にもこの表記を残している。

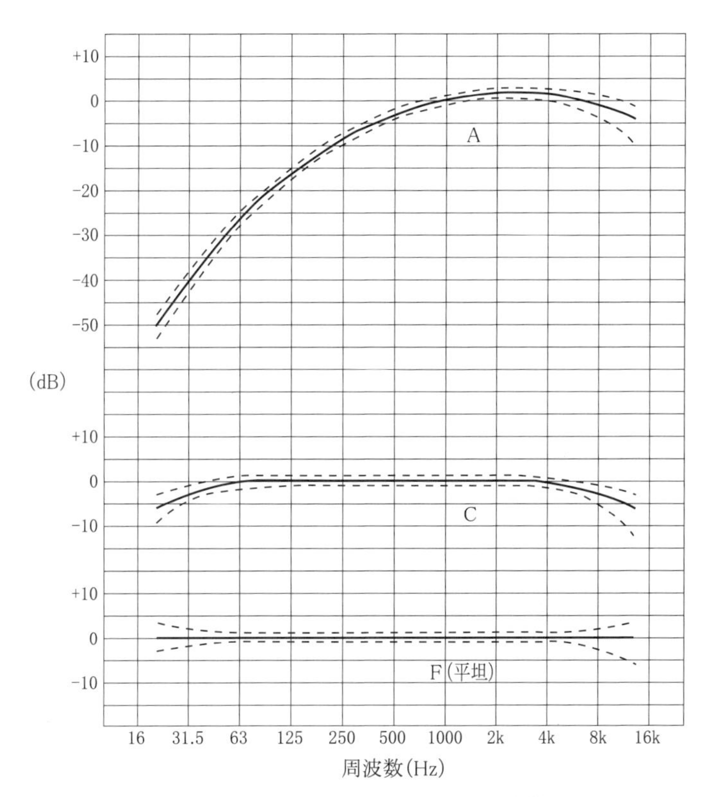

図2-1　特性曲線。実線が基本となる特性値を示し，破線は許容範囲を示す。A, C, Fの特性を示す3つのグラフが並んでいることに注意。（出典：JIS 1505）

(2) 聴力レベル

聴力測定などの目的で用いられるのが**聴力レベル（hearing level，dB HL）**である。その基準値は

健聴者の平均的な聴覚閾値を 0 dB HL とする

ということである。**聴覚閾値（threshold of hearing）**とは，被検者にその音が検知できるかできないかの境目の音圧を意味する[*3]。したがって基準値は周波

[*3] 厳密には，50％の割合で検知できる音圧と定義される。

数によって異なり，一般的に中域に比べ低周波域や高周波域では聴覚閾値はより高い音圧になるので，基準値もそのようになっている。その値は国際規格（ISO）や JIS 規格に定められている。イヤホンを用いた聴力測定器であるオージオメータの場合は，最終的に，その機種の特性に応じて基準値が決められる。

純音による聴力測定は，ヘッドホン（受話器）を用いる場合と，スピーカーによって残響のない室内で測定する場合（自由音場（おんじょう）という）がある。周波数ごとの dB HL の基準値を表 2-4 に示す。数値は dB SPL で表示されている。表中，上 2 段が標準受話器による場合の基準値の例である。AD-06 のほうが出力が大きく，難聴者に対して適用される受話器の例である。

一方，下 2 段は自由音場の場合で，基準値は ISO によって定められている。従来，古い ISO 226 による値が用いられていたが，近年では，2003 年に策定された新しい ISO 226 による値が適用されるようになってきたので，併記しておく。この基準値の詳細な特徴については等感曲線のところで触れるので，そちらを参照してほしい。

表 2-4　dB HL の基準値（単位：dB SPL）

周波数 Hz	125	250	500	800	1000	1500	2000	3000	4000	6000	8000
AD-02	47.5	27	13	9.5	7	6.5	7	8	9.5	12	16.5
AD-06（高出力）	45.5	25	11	8.5	7	7	7.5	8.5	9.5	12	12.5
ISO 226（旧）		11	6		4		1	−3	−4		
ISO 226（新）	22.1	11.4	4.4	2.2	2.4		−1.3		−5.4		12.6

ここで，受話器を使用する場合と自由音場で，基準値が相当幅異なっているのに気づくが，低周波域では受話器装着によって血流雑音が妨害となるため，また高周波域では外耳道による共鳴により受話器内外での音圧に差が生じるため，いずれも受話器装着時のほうが基準値が大きくなっている。

本項の最後に，dB HL は dB の値の基準値を示すものであるが，実際の使いかたでは，単にその基準値を用いて音圧を示す場合と，被検者の聴力としてその被検者の聴覚閾値を示している場合があるので，混同しないように気をつけたい。

「～dB HL の音」

といえば前者の使用法であり

「～さんの聴力（レベル）は～dB（HL）です」

といえば後者の意味で用いているのがわかるであろう。

(3) 感覚レベル

dB SPL や dB HL の基準値は，被検者によって変わることはない。しかし，場合によっては，被検者を基にして音のレベルを表すのが都合がよい場合もある。そうしたものとして**感覚レベル**（**sensation level，dB SL**）がある。すなわち，感覚レベルの基準値は

被検者の聴覚閾値を 0 dB SL とする

ということである。dB SL の基準値は，当然のことながら周波数によって異なるし，被検者によっても異なる。その被検者にとっての聴覚閾値が 0 dB であるから，マイナスの値の音は被検者には検知できない（dB HL に関しては，0 dB HL は健聴者の平均聴力閾値なので，被検者によってはマイナスの dB HL もありうることに注意）。

dB SL の値がわかれば，その被検者にとって，どれくらいの大きさに聴こえているのか，1 つの目安となるであろう。ただし，感覚レベルという名称ではあるが，dB の値は，あくまで音圧や音の強さの対数で定義されるので，dB SL は音の強さの尺度であって，音の大きさの尺度ではないことに注意しよう。実際，中域と低域では，同じ dB SL の値であっても，音の大きさはまったく異なるのである。もっとも，健聴者同士で同じ周波数域であれば比較ができるので，あとに説明する phon の代用として用いられることもある。

5 デシベルに関する補足事項

(1) 平均聴力レベル

聴力測定は各周波数ごとに行われる。そのとき，では全体としてはどの程度聴こえるのか，大雑把に知りたいというときがある。そういうときに用いられるものとして，聴力測定時に日常的に計算される，平均聴力レベルというものが決められている。しかし，これは単純に全周波数の聴力レベルを平均するのではなく，聴覚にとって重要と考えられる周波数を取り出し，重みをつけて平均したものである。1000 Hz を中心として，500 Hz と 2000 Hz の聴力レベルを用いた 4 分法の式を示す。

$$\text{平均聴力レベル} = \frac{\begin{pmatrix}\text{500 Hz の}\\ \text{dB HL}\end{pmatrix} + 2 \times \begin{pmatrix}\text{1000 Hz の}\\ \text{dB HL}\end{pmatrix} + \begin{pmatrix}\text{2000 Hz の}\\ \text{dB HL}\end{pmatrix}}{4} \tag{2.9}$$

周波数ごとの聴力に比べると，かなり大雑把であるが，被検者のおおよその聴力を知る手がかりにはなるものである。

(2) phon（フォン）

何度も説明しているように，同じ大きさの音でも，周波数によって強さが異なる。そこで，それぞれの周波数で，どのような強さであれば同じ大きさに感じるかを，多くの被験者で測定してその平均値を求めれば，各周波数での音の大きさの感じかたをグラフとして一覧することができるであろう。このように求められたものが，音の等感曲線と呼ばれるグラフである。いくつかの測定実験をまとめ，近年用いられているものを図 2-2 に示す。

この図の横軸は周波数，縦軸は dB SPL である。一見してわかるように，低域や高域での強い音と，中域での弱い音を同じ大きさに感じるという傾向がある。ここで，この音の大きさを数量化するために，1000 Hz での dB SPL の値に注目する。すなわち，すべての音の大きさを 1000 Hz での dB SPL の値を用いて表示し，その単位をフォン（phon）と定義する。たとえば，1000 Hz での平均的な聴覚閾値は 2.4 dB SPL であるが，これと同じ大きさに感じる場合をすべて 2.4 phon とするのである。この例でいう「同じ大きさ」とは，ちょうど聴こえるか聴こえないかの境目，つまり聴覚閾値のことであるから，2.4 phon とは全周波数における聴覚閾値を意味するのである。同様に，1000 Hz での 10 dB SPL と同じ大きさに聴こえるとき 10 phon，などと決めていくのである。2.4 phon のラインがおおよそどのあたりを通っているか覚えておくのは，有意義であろうと思われる。3000～4000 Hz あたりで最も閾値が小さく（すなわち敏感に）なるのは，閉管のところで説明した外耳道の共鳴特性が大きな要因である。

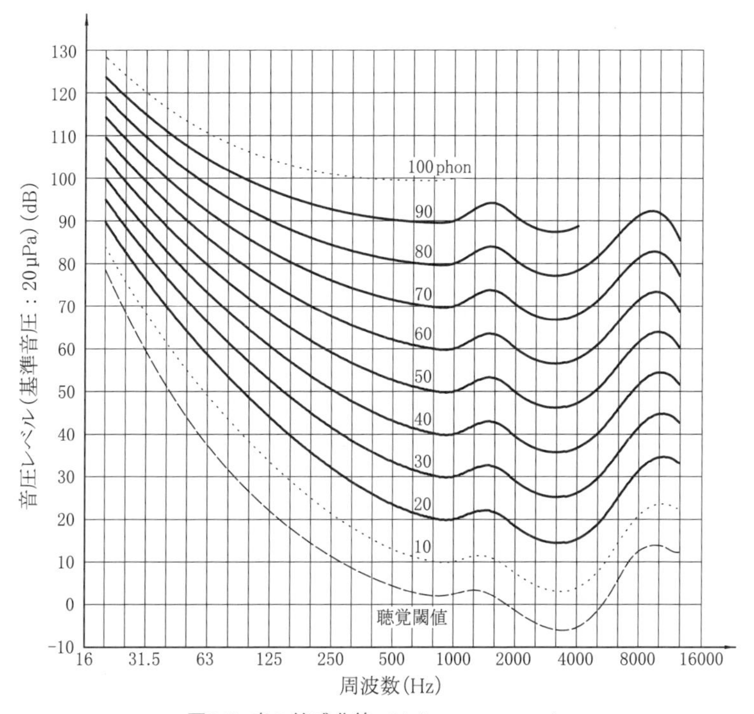

図2-2　音の等感曲線。（出典：ISO 226-2003）

豆知識 旧規格から新規格への変遷

慧眼な読者はすでに気づいているかもしれないが，ここまでの説明から，dB HL の基準値は健聴者の平均的な聴覚閾値であり，また 2.4 phon の値も平均的な聴覚閾値であるから，両者は一致するのかどうか，という疑問が生じるであろう。その答えは Yes である。実際，図 2-2 の聴覚閾値のラインをたどれば，表 2-4 の最下段の値と一致することが確かめられる。

ところで，旧規格の ISO 226（1960 年代に策定された）は，どうして新規格に改められる必要があったのであろうか。旧規格の ISO 226 は 1950 年代に行われたロビンソンとダッドソンの研究に基づいて策定されているが，その後，このデータに相当の誤差があることが見いだされてきた。聴覚閾値付近ではそれほど問題はないが，中程度のレベルになったとき，1000 Hz 以下の低域で，新しい規格と 15 dB にも及ぶ誤差が生じたのである。この理由として，心理実験上の技術的な問題もあるのだが，もう一つの要因として，被検者の年齢という問題があった。

一般的に「健聴者」とされる人を被験者として実験を実施するのであるが，その年齢が高くなってくると，誰にでも加齢に伴う聴力低下が生じ，個人差も大きくなってくる。そこで，新しい規格を策定する研究では，被験者を 18～25 歳に限定してデータをとっている。この研究で十分なデータを得るのに時間がかかり，先行して閾値についてのデータをまとめたものが ISO 389-7 である。ISO 389-7 が 1996 年に策定された後，データを十分蓄積して，2003 年に新しい ISO 226 が策定されたのである。

この経緯には日本の研究者が深く関わっており，新しい ISO 226 のデータには，およそ 4 割，日本での研究結果が反映されている。このほか，デンマーク，ドイツなどのデータを含んでいることも新しい点で，旧規格がイギリスだけのデータから策定されたのと対照的である。

また，先に述べた A 特性曲線は，等感曲線の 40 phon のデータを基に策定されている。興味のある人は，どの程度対応しているか見比べてみよう。ちなみに，A 特性は新しい ISO 226 よりも以前からあるが，当初参考にしたのはロビンソン・ダッドソンよりも古いフレッチャー・マンソンの 1930 年代の研究である。しかし，結果としてみれば，ロビンソン・ダッドソンよりも新しい ISO 226 に近いことがわかり，興味深い事実である[*4]。

[*4] これらの記述は ISO 本文のほか，鈴木陽一，竹島久志，“人の等ラウドネス曲線の測定と国際規格化”，電気学会誌，124，715–718（2004）などを参考にしている。

(3) 音響利得

補聴器などの増幅率もまた dB で表され，これを**音響利得**という。すなわち

$$\text{音響利得} = 20 \times \log \frac{\text{出力音圧}}{\text{入力音圧}} \tag{2.10}$$

である。もし入力と出力が dB で与えられれば，上式は

$$\begin{aligned}\text{音響利得} &= 20 \times \{\log(\text{出力音圧}) - \log(\text{入力音圧})\} \\ &= 20 \times \{\log(\text{出力音圧}) - \log P_0 - \log(\text{入力音圧}) + \log P_0\} \\ &= 20 \times \{\log(\text{出力音圧}) - \log P_0\} - 20 \times \{\log(\text{入力音圧}) - \log P_0\} \\ &= 20 \times \log(\text{出力音圧}/P_0) - 20 \times \log(\text{入力音圧}/P_0) \\ &= \text{出力 (dB)} - \text{入力 (dB)}\end{aligned} \tag{2.11}$$

である。P_0 は音圧の基準値である。基準値には何を用いても利得の値は変わらない。

いま，ある被検者の聴力レベルが 60 dB であるとするとき，40 dB の音は聴こえない。そこで，音響利得が 30 dB の補聴器を装用すると，その出力は 40 + 30 で 70 dB となり，この被検者にとって 10 dB SL の音として聴こえることになるのである。なお，音響利得は単に入力と出力の比率を表しているだけであるから，SPL のような基準値は問題とならない。間違えないようにしよう。

第3章 ●●● 音のスペクトル

音を理解する上で，その音に含まれる周波数の成分を知ることは，大切な手がかりとなる。どのような周波数成分を含むのかという「配合比率」は，その音の「音色」（の一部）として知覚される。本章の内容は，数学的には高度な数式処理を行う部分であるが，本書では純音の式のみを扱い，スペクトルの部分は定性的な記述を行う。数式は用いないものの，内容的なレベルは高いので，できる限り正しく理解してほしい。

後半では，とくに，短い時間で次々と変化する音声を念頭に，短い時間の音に対するスペクトルの問題や，近年のデジタル技術に対応して，音のデジタル化に関する若干の基礎事項も扱っている。やや工学的な内容にはなるが，「音」を扱う上では重要な基礎であり，これらの技術があって初めて補聴器などの機器が機能することを考え，頑張ってついてきてほしい。

1 純音の式

まず，いままで「純音」という言葉は使ってきたが，その数学的な定義についてまったく触れてこなかったので，ここで簡単にまとめたい。一部の読者にとっては，このような内容は，できれば《参考》とか《発展》として扱ってほしいかもしれない。実際，ここに出てくるような sin や cos が国家試験に出題されることはまずないであろう。しかし，それはこの内容のレベルが高いためではなく，基礎事項として理解されていて当然であるためと考えられる。音響学を学んで三角関数がわからないというのも，あまりにも情けないので，多少はお付き合いをいただきたい。

純音を数学的に表現するためには，純音における振動を回転運動の射影（一方向の成分）と考えるのが理解しやすい。図 3-1 では，点 P が原点 O のまわりを，半径 A で左回りに回転している。このときの縦成分（Y 方向の成分）を考えると，点 P が回転するに従って増えたり減ったりを繰り返す振動となる。このような振動は単振動と呼ばれる。もう少し詳しく見ると，角度 θ が 0° と 180° のときにはゼロとなり，90° で最大値の A，270°（あるいは −90°）で最小値の $-A$ となるのがわかるであろう。ただし，純音の数学的表現においては，角度の単位としてラジアンを用いる。ラジアンとは 360° を 2π に置き換えたもので，あとは π が 180°，$\pi/2$ が 90° などと読み替えていけば，とくに難しいものではない。

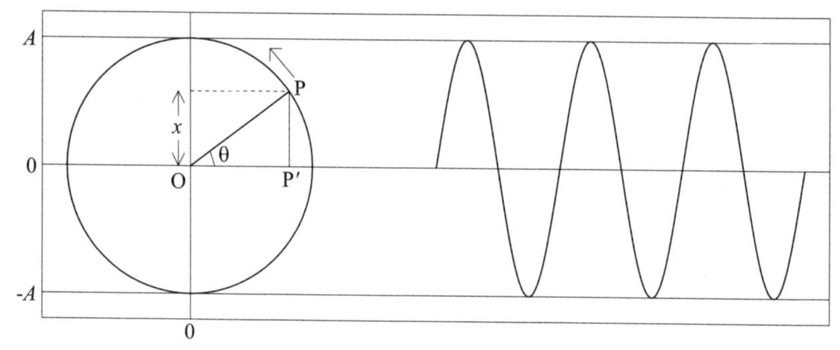

図3-1 純音と回転運動の射影。

このとき，直角三角形 POP′ に注目し，その斜辺の長さ A と縦成分 x の比を $\sin\theta$ と定義する。すなわち

$$\sin\theta = \frac{\mathrm{PP'}}{\mathrm{OP}} = \frac{x}{A} \tag{3.1}$$

である。縦成分 x の値がマイナスのときは，$\sin\theta$ の値もマイナスとする。ここで，両辺に A を掛ければ，振動の変位そのものを求める式になる。すなわち，縦成分 x は半径 A と $\sin\theta$ を用いて

$$x = A \cdot \sin\theta \tag{3.2}$$

と表される。この半径 A は振動の最大値でもあり，この振動の**振幅**（**amplitude**）と呼ばれる。

では，次に点 P が一定の速さで回転するとき，角度 θ は時間とともにどのように変化するであろうか。いま，1 秒間に角度 ω（オメガと読む）だけ進むとする。このとき，この角度 ω をこの回転運動の角速度と呼ぶ。同時に，ω は第 1 章で扱った角周波数でもある。角周波数とは 1 秒間に振動する回数に 2π $(= 360°)$ を掛けたもので，1 回振動することが 1 回転することであるから，角速度（角周波数）では 1 回の振動で 2π（360°）進むことになり，結局，1 秒間に進む角度を表すことになる。たとえば，周波数が 2 Hz であれば，1 秒間に 2 回振動する，つまり 1 秒間に 720° 進むことである。

この角速度（＝角周波数）ω を使って，時刻 t 秒のときの角度を表そう。$t = 0$ 秒の初期角度を θ_0 とすると，時刻 t 秒のときの角度 θ は

$$\theta = \omega t + \theta_0 \tag{3.3}$$

と表すことができる。実際，時刻 0 秒なら θ_0，1 秒なら $\omega + \theta_0$ である。この式を先ほどの式 (3.2) に代入すると

$$x = A \cdot \sin(\omega t + \theta_0) \tag{3.4}$$

となり，これが純音の時間変化を表す数式の 1 つである。

純音の式として，角周波数以外に，周波数や周期を用いたものも紹介しておく。簡単のために，時刻 t では角度は 0 であるとする。すなわち

$$\theta_0 = 0$$

と仮定して話を進めよう。ここで，周波数と角周波数の関係を思い出すと，角周波数 ω は周波数 f に 2π を掛けたものであるから

$$\omega = 2\pi f$$

である。これを式 (3.4) に代入して，$\theta_0 = 0$ とすれば

$$x = A \cdot \sin(2\pi f t) \tag{3.5}$$

となる。これが周波数を用いた純音の表現の 1 つである。さらに，周波数と周期は逆数であることを思い出してみよう。

$$f = \frac{1}{T}$$

これを式 (3.5) に代入すれば

$$x = A \cdot \sin \frac{2\pi t}{T} \tag{3.6}$$

である。これが周期を用いた純音の表現の 1 つである。

以上は純音での音圧変動の時間変化を数学的に表現したものであるが，音波は空間的にも広がっているため，場所によって変位は異なる。場所による変動を含めた式も存在するが，本書では割愛する。興味のある読者は物理の参考書などを参照してほしい。

2 音の種類

次に，音のスペクトルを扱うための準備として，音の種類について再度まとめておく。いずれもすでに名称は出てきたものであるが，その内容についてもう少し詳細に解説し，相互の関係を確認する。

- 純音（pure tone）

周波数成分を 1 つだけ持つ音。さまざまな音の周波数成分とは，その音に含まれる純音の成分のことである（成分量は通常，音の強さで表現される）。その波形は三角関数（sin や cos）で表され，その意味で正弦波（sine wave）あるいはサイン波などと呼ばれる。等速回転運動の射影として解釈される。すなわち，音圧や空気の体積速度の変化は単振動となる。以上の説明はすべて同じことを言い換えていることが理解できるであろうか。前節を参照しよう。

純音は自然界にはほとんど存在せず，人工的な音として用いられる。聴力検査，聴覚実験などでは基礎的な音として使用されている。伝統的な時報の音は純音であったが，近頃はもっと聴きやすい音に変えられているようである。実際，純音といっても純粋で美しい音というわけではない。美しい音にはもっと多くの周波数成分が含まれているのである。周波数成分が 1 つだけなので，音の高さは明確であるが，実際に聴いてみると，意外と音の高さがわかりにくいと著者などは感じるが，読者はどうであろうか。

- 複合音（complex tone）

　周波数成分を 2 つ以上含む音。無数の成分を含む音も多い。純音以外のすべての音は複合音である。音声，音楽，雑音，騒音などのすべてが複合音である。ちなみに，音を表す英語には tone と sound があるが，一般的に音楽など意味のある音に対しては tone を，雑音などの環境音に対しては sound を用いるようである。したがって，「かっこいいサウンド」などといっているのは，英語的に考えると「かっこいい雑音」といっているのに近いかもしれない。音楽のことをいいたいのなら「かっこいいトーン」とでもいうべきであろうか。某楽器会社の商品名も，かつては「ポータサウンド」であったが，いまでは「ポータトーン」となっている。sound はすべて複合音であろう。

- 周期音（periodic tone）

　音圧波形が周期的に繰り返す音のこと。その周期で振動する純音を基本振動（基本音）として，整数倍音を重ねることによって，基本振動の周期で繰り返す波形ができあがる。したがって，周期音はつねに基本音と倍音からなっている。周期音は，周期が明確であることに対応して，周波数の感覚がはっきりしているため，音の高さが明確である。「楽音」もほぼ同じ意味と考えていいであろう。音声では，母音や接近音（半母音）などが周期音の特徴を持つ。多くの楽器では，弦の振動や管の共鳴による定常波が生じるため，基本音と倍音から構成されることになり，必然的に周期音となる。母音の場合は，声帯の振動が弦の振動と同じ特徴を持つため周期音となる。ただし，一般的に膜が振動する場合は，必ずしも基本音に対する整数倍音が定常波として励起されるとは限らないので，注意が必要である。なお，当然ながら純音は周期音である。

- 非周期音（non-periodic tone）

　周期音でないすべての音は非周期音である。一般的には，騒音やノイズ，衝撃音やクリック音が非周期音の代表的な例である。音声では，多くの子音が非周期音である。また，楽器であっても，太鼓やティンパニ，シンバルや鐘，チャイムなども非周期音である。ティンパニやチャイムには音の高さがあるが，それにもかかわらず周期音とならないことに注意しよう。この音の高さは，それぞれの定常波の基本振動の周波数を感じるのであるが，その上に整数倍音ではない上音が含まれるのである。非整数倍音といわれるものである。また，周期音や純音であっても，ごく短い短音は非周期音となる。それらが周期音であるためには，同じ波形が長く（理論的には無限に）続かなければいけない。短音はそのような状態とはほど遠いため，厳密には，もはや周期音でも純音でもないと考えられる。そのときの文脈によって，便宜的に純音の名称を使ったりするので，勘違いしないよう慎重に判断しなくてはいけない。

以上，4 つの音の種類について解説したが，これらの音は並列的に名前が付けられているわけではない。それらは，純音と複合音，そして周期音と非周期音という 2 組のペアになっているのである。それらの間の関係は複雑ではない。すなわち，純音はつねに周期音であり，複合音は周期的複合音と，非周期的複合音に分けられるのである。その関係を簡潔に示せば

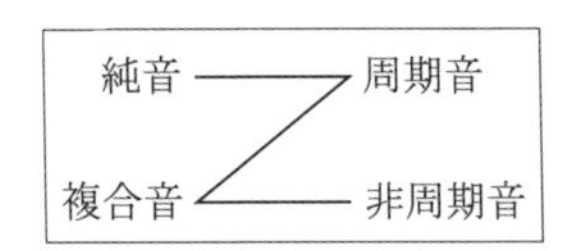

ということになる。

❸ スペクトルの意味と実例

すべての音は純音の成分に分けることができる[*1]。この純音の成分を周波数順に並べて一覧グラフにしたものを音の**スペクトル**（単数形：spectrum，複数形：spectra）と呼ぶ。また，そのような周波数成分に分けることをスペクトル分解（する）という。

[*1] 正確には数学的な条件が必要である。

音を構成する周波数成分とはどのようなものであろうか。その音の音色を料理やスープの味にたとえれば，1 つ 1 つの周波数成分は調味料の成分のようなものである。スープの味が，含まれる成分による味のアンサンブルとすれば，音の音色は，その音に含まれる周波数成分の混ぜ具合によるオーケストラのようなものである。したがって，純音とは調味料がたった 1 つのスープのようなものである。塩だけのスープや，醤油だけのスープを考えればわかるように，純音もまた，味が 1 つだけのあまりおいしくない（美しくない）音なのであると納得できるだろう。おいしいスープは，さまざまの材料が微妙な配合で複雑に混ざり合っているものである。音も同じで，美しい音は（美しい声と言い換えてもいいであろう），多くの周波数成分が微妙なバランスで重なり合っている。その成分量が変化するだけで，音の音色は万華鏡のように変化するのである。

スペクトルのグラフは周波数成分の一覧表であるから，横軸は周波数である。一般的に右のほうが高い周波数の値となっており，単位は Hz である。一方，縦軸は音の強さを用いることが多い。さらに，対数をとって，縦軸が dB 単位となることも少なくない。横軸の周波数軸が対数軸になることもある。時に，それによってグラフの形が変わることもあるので，若干の注意が必要である。

(1) 純音のスペクトル

純音は，その定義により，周波数成分を1つしか含まない。その周波数成分とは，すなわちその純音の周波数である。純音の周波数を f とすれば，図3-2のように，スペクトルのグラフは，横軸の周波数軸の中で，値が f となる箇所にだけ成分を持つので，そこだけ線が立って，他の場所には何もない。スペクトルのグラフの中で最もシンプルなものである。このように，1つの純音と1つの周波数の線が対応しており，そもそも周波数成分とは純音の成分のことであることを思い出せば，純音のスペクトルとは，たった1つの材料について材料一覧表を作ったようなものである。

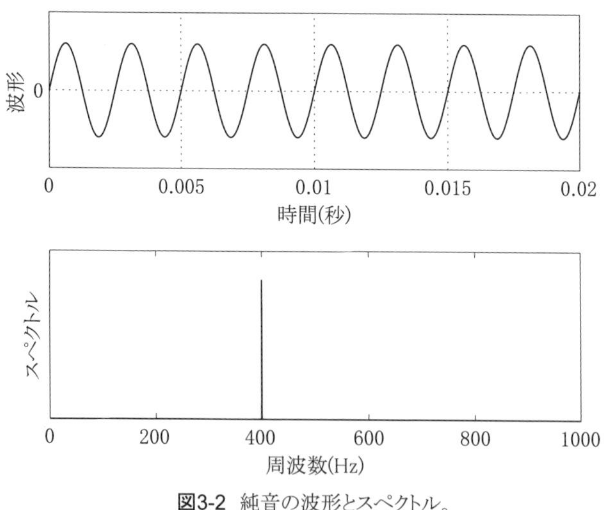

図3-2 純音の波形とスペクトル。

(2) 周期音のスペクトル

周期音は，基本振動の成分である基本音と，その整数倍の倍音から構成される。それぞれの部分音は純音のことでもあるので，基本音と倍音それぞれの周波数に周波数成分が存在することになる。基本音の周波数を f_1 とすれば，2倍音の周波数は $2f_1$，3倍音の周波数は $3f_1$，$\cdots$ のようになる。したがって，スペクトルのグラフは，横軸の周波数軸場で，f_1，$2f_1$，$3f_1$，… の値のところに縦線として成分が表示される。周波数の値がすべて f_1 の整数倍になっているので，スペクトルのグラフ中の縦線は，左側の縦軸も含めて，すべて等間隔である。その様子は図 3-3 のようになる。一般的に，倍音の次数（基本音に対する倍率）が大きくなるほど，周波数成分の量は小さくなる傾向がある。スープの味付けでいえば，次数の大きい倍音は隠し味のようなものといえるであろう。実際，次数が大きくなっても成分量が減らないような音を作ることができるが，スパイスが効きすぎていて，耳に不快な音になる（サンプル音 38 がそうである）。一方，次数の大きい倍音が重要な役割を果たすもう 1 つの例外として，人の声（とくに母音）を挙げることができる。こちらは，高次倍音がたくさん入っているといっても，そのバランスは配慮され，多くの情報を持った美しい音になっている。このような周期音のスペクトルは，f_1，$2f_1$，$3f_1$，… といった，とびとびの周波数の値を持っているので，グラフの形状から**線スペクトル**（line spectrum，あるいは**離散スペクトル**）と呼ばれる。すなわち，周期音は必ず線スペクトルになるのである。

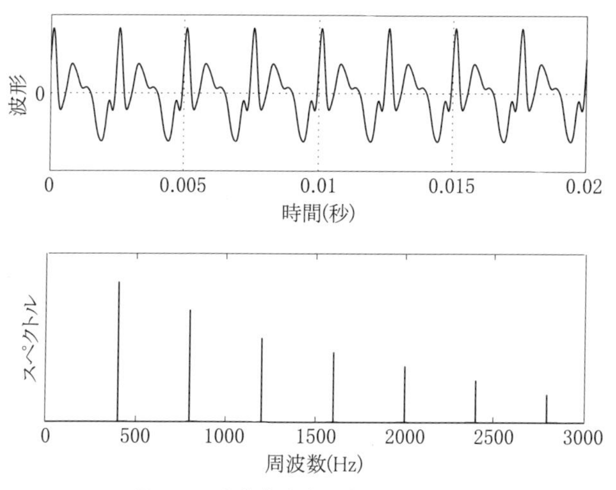

図3-3　周期的複合音の波形とスペクトル。

(3) ホワイトノイズ（白色雑音）

図 3-4 のような波形の音を**ホワイトノイズ**（**白色雑音，white noise**）という。ほぼ同じ意味で使う用語として，**ブロードバンドノイズ**（**広帯域雑音，broadband noise**）というのもあるので注意しよう。サンプル音 27 に収録してあるので，聴いてみるとわかるが，いわゆる砂嵐の音である。いくつかの研究によると，この音を聴くと乳児が寝るといわれている。胎内の血流音がホワイトノイズに似ているからだそうである。果たして，みなさんはこの音を聴いてどのように感じるであろうか。

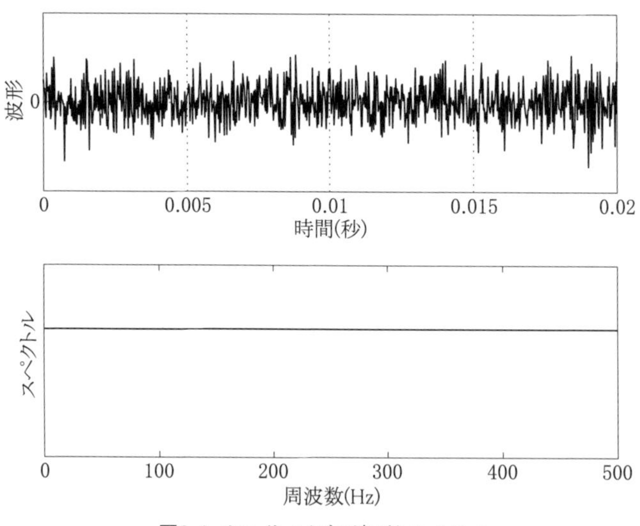

図3-4 ホワイトノイズの波形とスペクトル。

この波形は，きわめて不規則に変動しており，統計的には正規乱数と呼ばれる系列になっている。興味深いのは，この音のスペクトルを調べてみると，図 3-4 下段のように，あらゆる周波数成分をすべて等しい量で含んでいるのである。このような音では，含まれる周波数成分が，とびとびの値ではなく，つながっている。つまり，400 Hz を含んでいれば，401 Hz も，400.1 Hz も，400.01 Hz も，⋯ すべて含んでいるのである。このようなスペクトルを線スペクトルに対して**連続スペクトル**（**continuous spectrum**）と呼ぶ。

「ホワイトノイズ」という名称はどこからきたのであろう。この名称は光のアナロジー（たとえ）である。たとえば，カラーテレビは，よく見ると赤・青・緑の 3 種類の色の光が混合して画像を作っているが，この 3 色をすべて光らせると白色に見える。すなわち，光の色は光の周波数に対応しているので，すべての周波数の光を等しく混合すると，その結果は白色になる。テレビの場合は，その際に，何万色もの光を用いなくても，三原色を混合するだけで白色を実現でき，すべての周波数の代用になることを利用しているのである。このことから，光の場合と同様，すべての周波数を等しく含む音のことを白色雑音，すなわちホワイトノイズと命名したのである。

理想的なホワイトノイズは 0 Hz から無限に大きい周波数までをすべて等しく含むことになるが，実在するものでは有限の周波数域を含むことになる。このような，有限ではあるが広い周波数域にわたって等しい強さで周波数成分を持つノイズのことを，ブロードバンドノイズと呼ぶ。厳密にはホワイトノイズとは別のものであるが，この説明でわかるように，実質的には同じものと考えてもかまわないであろう。

(4) ピンクノイズ（桃色雑音）

ホワイトノイズの他に，ピンクノイズと呼ばれる音もある。周波数特性の測定などに用いられるが，電子楽器で波や風の音を制作するときなどにも使われる音である。ピンクノイズといっても，決していかがわしい（？）音ではない。これもホワイトノイズの場合と同様，光のアナロジーである。青い光と赤い光では赤いほうが波長が長く，周波数が小さい。そこで，周波数の小さい成分をたくさん含んでいるようなノイズに対して，「赤」ほどではない，「ピンク」の名称を与えたのである。

そういうわけで，ピンクノイズは高周波成分に比べて低周波成分を多く含むが，その含みかたには一定の傾向がある。それは「各周波数成分の強さが周波数に反比例する」というものである。グラフで表せば図 3-5 のようになる。もし縦軸が dB で，横軸も対数軸であれば，反比例のグラフは右下がりの傾きの直線になるので，注意しよう。周波数を f で表せば，f に反比例とは，$1/f$ に比例することでもあるので，ピンクノイズのことを $1/f$ ノイズと呼ぶこともある。

ピンクノイズはホワイトノイズに比べて低周波域を多く含むので，より低い音の成分を強く感じる。サンプル音 28 に収録されているので，ホワイトノイズと聴き比べてみよう。また，ピンクノイズよりも低域に偏っていて，周波数成分が周波数の 2 乗に反比例するブラウンノイズというものもある。サンプル音 29 に収録してあるので聴いてみよう。

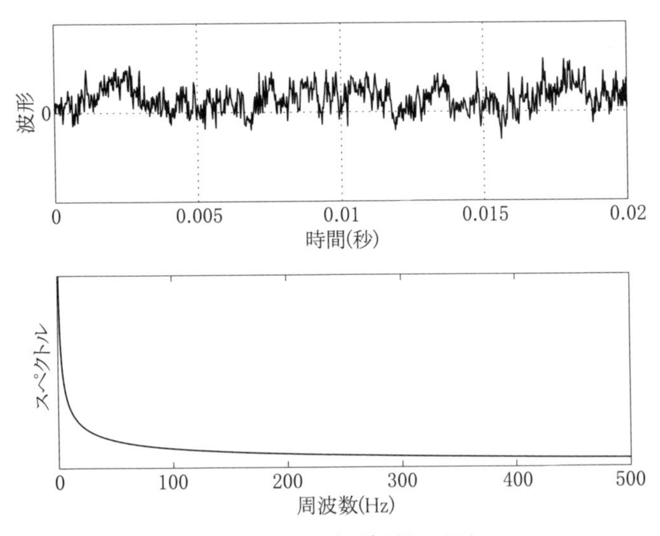

図3-5 ピンクノイズの波形とスペクトル。

豆知識 $1/f$ ノイズは癒しの音？

近年の研究で，$1/f$ ゆらぎというものが，ノイズに限らず，いろいろなところに見いだされ，心身のリラクゼーションとの関係が指摘されている。たとえば，そよ風とか，小川のせせらぎとか，打ち寄せる波の音や電車の揺れなど。そういうわけで，$1/f$ ノイズは癒しの音と言われているが，本当であろうか？ $1/f$ ゆらぎがどうして快適でリラックスするのか，そのメカニズムはあまり解明されていない。一説には，$1/f$ ノイズは滝の音のように聴こえるという感想もあるが，読者はどう感じたであろうか。もっとも，実際に滝の音を録音してみたら，$1/f$ ノイズにはならなかったという報告もある。

音楽にも $1/f$ ゆらぎが見いだされ，とくにモーツァルトには $1/f$ の傾向が強いといわれている。「モーツァルト効果」というものも研究されており，モーツァルトを聴きながら勉強をすると，能率が上がって間違いが少なくなるという，驚くべき結果も報告されている。しかし，その要因はいまひとつ定かではない。$1/f$ ゆらぎの傾向は心拍や神経の伝達といった身体内の重要な生理機構にも見られるので，そのような人間の生理的メカニズムを反映しているのではないかという見かたもある。

(5) バンドノイズ

ホワイトノイズのように各周波数の成分を均一に持っているが，ホワイトノイズほど広い周波数域ではなく，特定の周波数の範囲だけに周波数成分を均一に持っているような雑音のことを，**バンドノイズ**（**帯域雑音，band noise**）という。その波形とスペクトルを図 3-6 に示す。あとの章で述べる「マスキング効果」が大きいので，聴力測定時に用いられたり，聴覚心理実験などに多用されている。周波数成分を含んでいる周波数域（帯域）の中央の周波数を**中心周波数**という。また，含まれる周波数成分の幅（範囲）を**帯域幅**という。中心周波数 400 Hz，帯域幅 100 Hz のバンドノイズなどと呼ばれて，そのバンドノイズの特性が定義される。

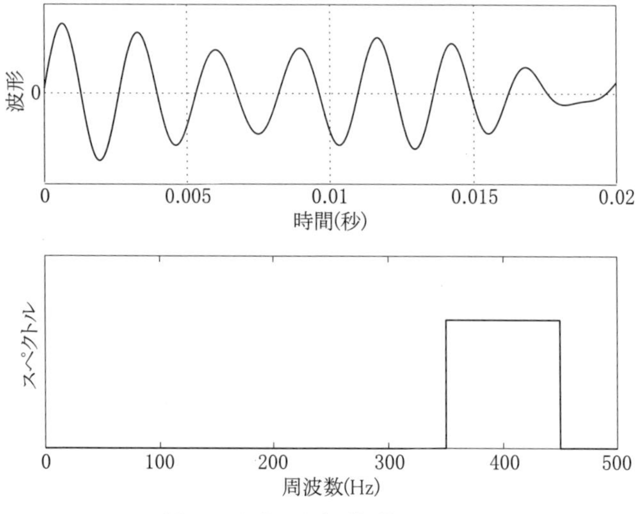

図3-6 バンドノイズの波形とスペクトル。

聴覚の周波数に対する感じかたは，前述のオクターブ感覚のように，周波数の差ではなく，周波数の比に対してほぼ等間隔に感じる。そこで，たとえば 200 Hz から 400 Hz までの帯域のバンドノイズであれば，両端の周波数がちょうど 2 倍（1 オクターブ）になっているので，このようなものを「オクターブバンドノイズ」と呼んだりする。心理実験などでは，1/3 オクターブのバンドノイズなどがよく用いられる。このバンドノイズの周波数帯域は，両端の周波数が $X^3 = 2$ 倍となるような倍率 X 倍となっている。具体的には，高いほうの周波数が低いほうの周波数の約 1.26 倍になる。サンプル音 30〜36 に中心周波数を変えたいくつかのバンドノイズを収録してあるので，聴いてみよう。帯域幅は，ほぼ臨界帯域幅（第 4 章で解説）に設定してある。

(6) インパルス（クリック音）

図 3-7 のような波形をパルスという。このような波形では，音圧の変わり目でノイズが発生し，それ以外の時点では無音である。この図にあるパルス幅をしだいに狭くしていき，ついにその幅がゼロになったものを**インパルス**

（impulse）という。インパルスでは，音圧が変化する瞬間だけ「パチッ」というノイズが聴こえる。このように瞬間的に発生するノイズ様の音を**クリック音**という。サンプル音 37 に収録してある。インパルスの波形とスペクトルを図 3-8 に示す。ここで興味深いのは，インパルスのスペクトルは，あらゆる周波数成分を含むということである。実に意外なことであるが，インパルスに含まれる周波数成分は，取り立てて突出した成分がなく，その代わり，すべての周波数が均等に含まれるのである。

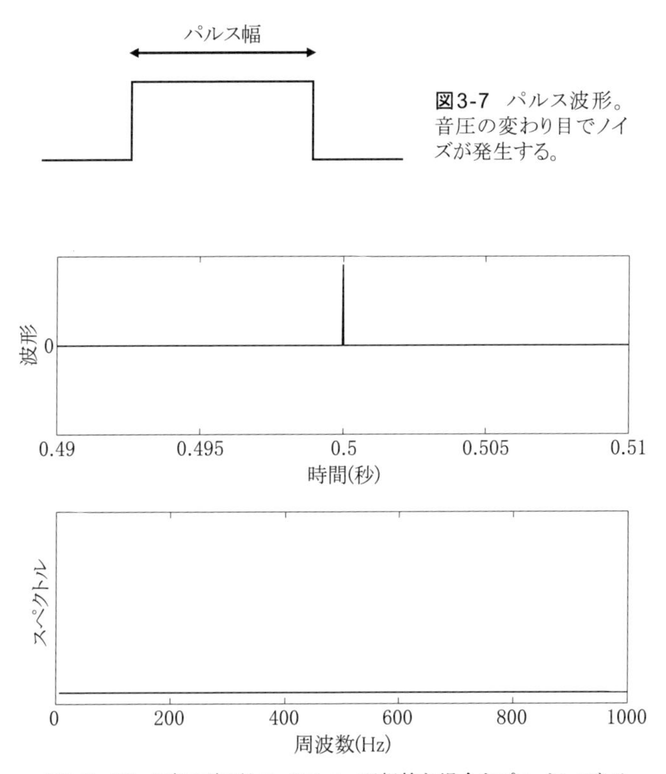

図3-7　パルス波形。音圧の変わり目でノイズが発生する。

図3-8　クリック音の波形とスペクトル。理想的な場合をプロットしてある。

すべての周波数を含む音といえば，ホワイトノイズが想起される。ここで，ホワイトノイズとインパルスの違いをまとめておこう。

1. ホワイトノイズに比べて，インパルスではスペクトルのパワーが明らかに小さい[*2]。
2. ホワイトノイズでは各周波数成分を構成する純音波形の位相（タイミング）が無秩序であるが，インパルスでは発音時の瞬間にすべての周波数成分の位相がそろう。その他の時刻では，周波数成分どうしが互いに均等に打ち消しあって，音圧波形はゼロになる。

とくに，2 の周波数成分どうしが打ち消しあって波形が消滅するのは，にわかには信じ難いかもしれないが，数学的に証明される高度な内容の事実である。

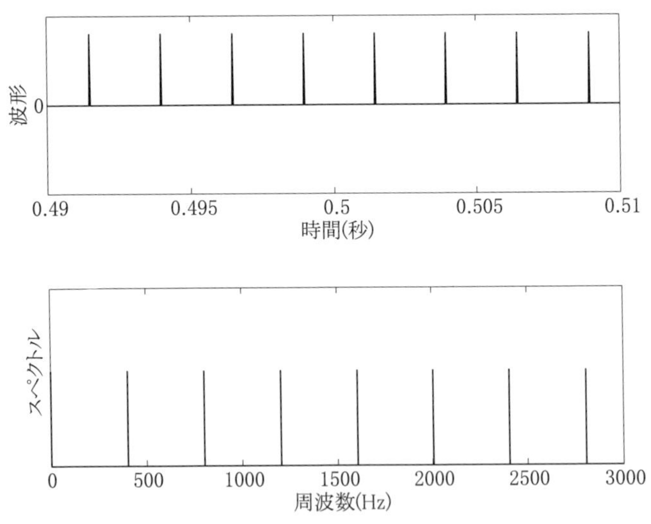

図3-9 インパルス列の波形とスペクトル。

なお，インパルスを一定の周波数で繰り返したインパルス列の音を作ることもできるが，こちらは周期音であるといえるので，そのスペクトルは図 3-9 のような線スペクトルになる。このスペクトルの最大の特徴は，本来は隠し味である次数の高い倍音も，すべて成分量が同じであることである。スパイスが効

[*2] スペクトルの高さは，パルス波形と時間軸に挟まれる面積に比例して低くなる。

きすぎた激辛カレーのような音であろうか？ サンプル音 38 に収録してあるので実際に聴いて確かめてみよう。

4 スペクトル分解の原理

音を周波数成分に分けるスペクトル分解は，それでは，どのように行われるのであろうか。この過程は，通常の工学系音響学では，フーリエ解析という，複素数を用いた数学的手段によって説明される。この数学は興味深いものであるが，とくに文系出身の読者にとって，そのような数学による説明は，なかなかしんどいものである。そこで本書では，その方法についての考えかたを述べるにとどめることにする。しかし，高度に数学的な方法で行われるスペクトル分解ということが，同時に人間の聴覚でも実質的に同じく生じるということの意義を忘れてはならない。人間の聴覚機構は複雑な数式処理をしているわけではないが，それにもかかわらず蝸牛の生理的・物理的特性によってスペクトル分解を実行し，音に含まれる周波数の情報を利用することによって母音の識別をはじめあらゆる音声情報を得ているのである。

(1) フーリエ級数

スペクトル分解に関する基本的な数学的アイデアは，フランスの数学者フーリエ（Fourier）によって確立された。このため，この数学の分野は今日でもフーリエ解析と呼ばれている。

まず，その端緒として，一定の条件を満たしたすべての周期関数（音響学的には周期音）を三角関数の和の形に分解する定理が説明される。多くの（あるいは無数の）項の和（足し算）で表現される数式のことを級数と呼ぶため，ここに紹介されるものはフーリエ級数と呼ばれる。その内容を記せば

「すべての周期関数（周期音）*3 は，その関数（音）の周期の 1，1/2，1/3, ･･･ 倍の周期の三角関数（純音）の和で表すことができる」

*3 正しくは，区分的に連続，あるいは 2 乗して積分可能という条件が必要である。

あるいは

「すべての周期音は，その音の周波数の 1，2，3，… 倍の周波数の純音の和で表すことができる」

ということである。このことを言い換えれば，すべての周期音は，その周期に相当する周波数の成分（基本振動，基本音）と，その整数倍の周波数の成分（倍振動，倍音）から構成されるということになる。すなわち，**周期音のスペクトルは，基本音と倍音に相当する周波数の成分からなる線スペクトルになる**のである。

ここでいわれていることをさらに言い換えると，周期音すなわち楽音であれば，純音を混合するだけでどんな音でも合成できるということを意味する。これが電子音楽で使用されるシンセサイザーの原理（の 1 つ）である。

合成する純音はどんな割合で混ぜ合わせてもよいが，一般的には基本音が最も成分が強く，倍音の次数が上がるにつれて量が減っていき，高次の倍音成分は隠し味のような役割を担うことになる。そのような周期音の例は前出の図 3-3 を参照してほしい。

ここで，実際に簡単な波形の周期的複合音を作る場合の，純音の配合割合を図に示してみよう。図 3-10 が波形が長方形をしている方形波の場合で，図 3-11 が三角波の場合である。図中，左上が合成しようとしている波形であり，1 段目の右側と，2 段目以降の左側が，合成するそれぞれの純音の波形を成分量を反映して描いてある。2 段目以降の右側は，それぞれ上から順に，3 倍音までを合成した場合，5 倍音までを合成した場合，… で，いちばん下が 9 倍音までを合成した場合である。なお，ここに扱った 2 つの例は，ともに偶数倍音は含まない。

図 3-10 の方形波での 9 倍音までを合成した波形と，図 3-11 の三角波での 9 倍音までを合成した波形では，方形波より三角波のほうが，より元の波形に近いことがわかる。原音と純音，9 倍音までを合成した音をサンプル音 39～42 に収録してあるので，その違いを聴き比べてみよう。このような違いが生じる理由として，純音の波形が斜めにスムーズに変化するのに対して，方形波の波形は垂直に切り立っているため，合成がより難しくなっていることが挙げられる。

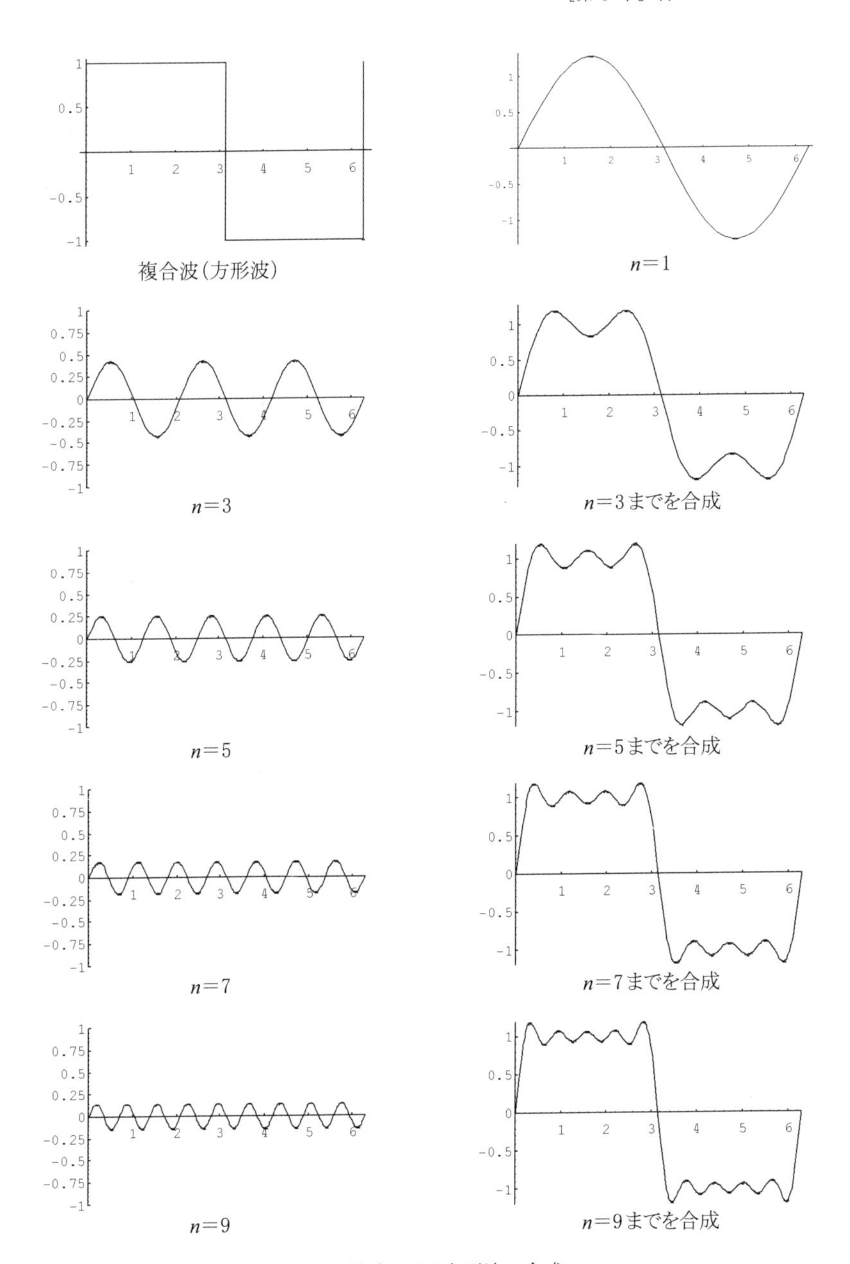

図3-10　純音による方形波の合成。

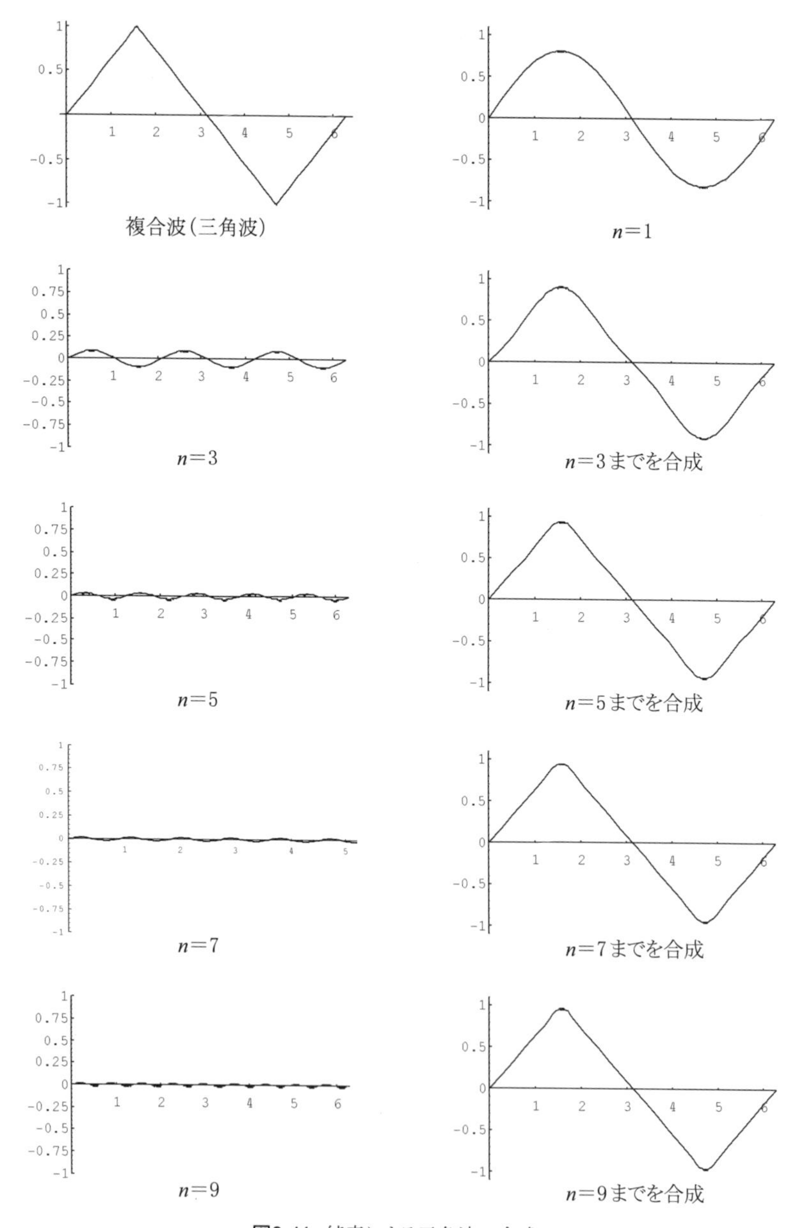

図3-11 純音による三角波の合成。

(2) フーリエ変換

フーリエ級数の考えかたでは，周期音であれば純音の周波数成分に分解できるが，その他の音についてはそのまま適用することができない。そこで，フーリエ級数を非周期音でも扱うことができるように，一般化することを考える。

周期音は同じ波形が一定の周期で繰り返す音のことであるが，非周期音ではそのような繰り返しはない。そこで，非周期音を，きわめて長い周期で 1 回だけ「繰り返す」音と考えるのである。周期音のスペクトルを思い出してほしい。これを，しだいに周期を長くしていくとどうなるであろうか。周期が長いということは，それだけ基本音の周波数が小さいということである。すなわち，基本音の周波数が小さければ，倍音の周波数もそれに応じてすべて同じ比率で小さくなるので，周期音の線スペクトルは，周期が長くなるにつれて，すべての縦線が左へずれて密集し，線と線の間は狭くなるであろう。

このように考えて，もし周期が限りなく長くなったらスペクトルはどうなるであろうか。線スペクトルは限りなく密集し，結果として，あらゆる周波数を含む連続スペクトルへと変化すると考えられる。以上の様子を図 3-12 に示す。このように一般化されたフーリエ級数のことを**フーリエ変換**（Fourier transformation）と呼ぶ。

こうして，フーリエ変換では非周期音をスペクトルに分解する数学的手段を与えてくれた。同時に，フーリエ変換は連続スペクトルの一部として線スペクトル（離散スペクトル）も含むため，周期音もフーリエ級数でなくフーリエ変換でスペクトル分解することもできる。そのため，通常の処理では，いちいち音の種類によって異なった数学を用いるのではなく，まとめてフーリエ変換を用いることが多い。フランス人の名前であることもあり，なじみの薄い印象を覚えるかもしれないが，多くの専門書で用いられている用語なので，フーリエ変換といえばスペクトル分解，すなわち音の周波数成分のことと思えるようにしよう。

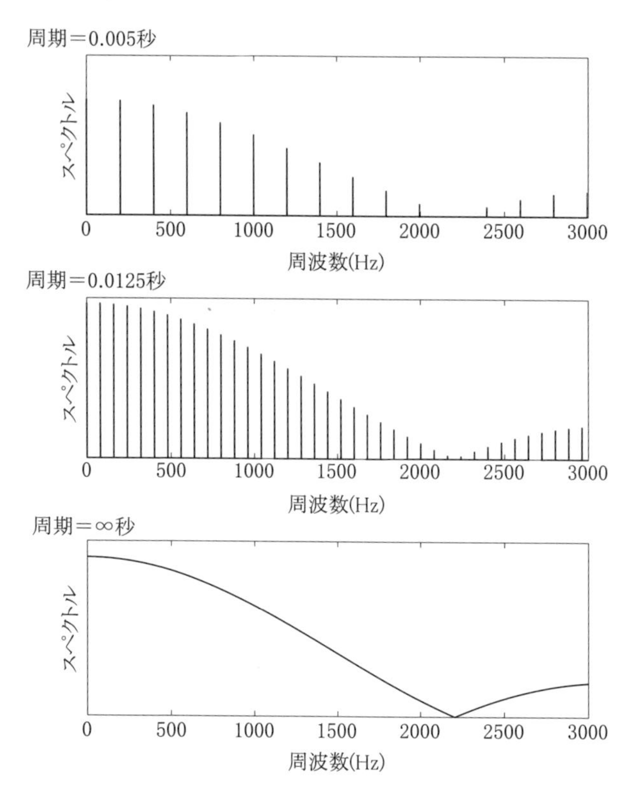

図3-12 フーリエ級数からフーリエ変換へ。有限の幅を持つパルス列による周期的な波形の周期をしだいに広げていって，単一パルスで連続スペクトルになる例を示した。

(3) 音の種類とスペクトル

だいぶ数学の話をしてきたので，少々頭の中が混乱している読者もいるかもしれないが，本節の最後に音の種類とスペクトルの関係についてまとめておこう。

上述の説明から，感覚的に，周期音は線スペクトル，非周期音は連続スペクトルという印象を持たれるかもしれない。実際，文献によってはそのような説明がなされていることもある。大雑把には，周期音は母音や楽音，非周期音は子音や雑音といっても，大きな間違いではないからである。しかし，本書の読者は，とくに言語聴覚士を目指すような場合には，より正確な音の理解が必要である。そこで，上の説明に当てはまらないような音について，ひと言触れておく必要があるだろう。

周期音における線スペクトルとは，つねに基本音とその整数倍の周波数成分を持つものであった。フーリエ級数の説明からもそのことはわかるであろう。しかし，線スペクトルがつねに基本周波数の整数倍の成分だけを持つ，言い換えれば，線スペクトルどうしが等間隔になる必要性は必ずしもない。実際，等間隔ではない線スペクトルになる音も少なからず存在するのである。ティンパニや太鼓など，丸い膜をたたくときに出る音は，不規則倍率（無理数比）を持つ倍音からなる。チャイムや鐘の音にもそのような倍音が含まれる。こうした倍音を非整次倍音と呼ぶのは以前に説明したが，覚えているであろうか。これらの音の多くは，基本音と呼ぶべき振動が存在するために，一応の音の高さは存在するが，整数倍音を持っていないことが影響して，その音の高さはかなり不明確である。実際，ティンパニなどの楽器は決まった音の高さに合わせる（チューニングする）が，かつての奏者はピアノの低音（これもまた非整次倍音を含む）とティンパニの音を比較して微妙な違いを調整しなければならず，その音の高さを見分けるのはたいへんだったのである。もっとも，現在では音の周波数を測定できる簡易な機器があるため，ティンパニなどのチューニングは格段に容易になっている。

音の種類とスペクトルの関係を図式的にまとめれば

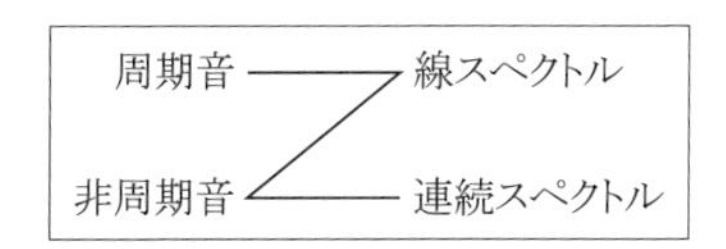

ということになる。

(4)《発展》ノイズのレベル

ここで，ノイズのような連続スペクトルを持つ音のレベルをスペクトルからどのように求めるかを考えてみよう。純音であれば，スペクトルの値はそのままその音の音圧レベルなどになるが，ノイズの場合は話が異なってくる。

まず，図 3-13 のようなスペクトルのバンドノイズ（帯域雑音）があるとする。

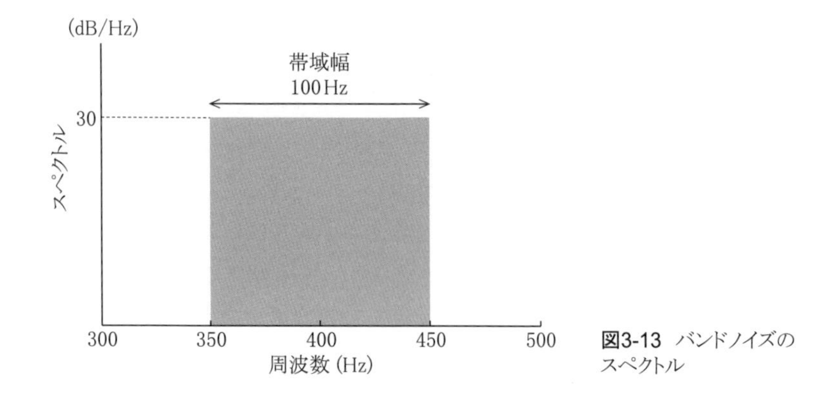

図3-13 バンドノイズのスペクトル

この図で，縦軸の数値は何を表しているであろうか？ これはノイズのレベルそのものではなく，このノイズの帯域幅 1 Hz あたりの音の強さ（レベル密度）を表示しているのである。このような連続スペクトルの場合の音のレベルは

$$\text{レベル密度（縦軸の値）} \times \text{帯域幅}$$

となる。より正確には灰色部分の面積がその音のレベルを表示している。この図の場合，レベル密度 = 30 dB/Hz，帯域幅 100 Hz なので，このバンドノイズのレベルは

$$30\,\text{dB/Hz} \times 100\,\text{Hz}$$

となる。これは，1 Hz あたり 30 dB のエネルギーを 100 Hz 分加算する，つまり 100 倍するということであるが，ここでいう 100 倍とは音の強さを意味することに注意しよう。音の強さと dB の関係は，音の強さが 10 倍で +10 dB であるから（音圧との関係とは異なる），100 倍するためには +20 dB となり

$$30\,\text{dB} + 20\,\text{dB} = 50\,\text{dB}$$

が，このバンドノイズのレベルということになるのである。

次に，ホワイトノイズ（白色雑音）のレベルの求めかたを考えよう。ホワイトノイズは理論上，あらゆる周波数成分を含むということであるが，そのまま

では無限の周波数を含むことになり，ノイズのレベルも無限大？ となってしまう。現実に存在するホワイトノイズはそんなことはもちろんない。では，どう考えるかというと，無限の周波数の代わりに，ホワイトノイズを非常に帯域幅の広いバンドノイズ（これをブロードバンドノイズ＝広帯域雑音という）と考えることによってレベルを算出するのである。

ここで，ホワイトノイズの帯域幅はどれほどにすればいいであろうか。人間の聴覚域が 20000 Hz 程度であることから考えて，実効的には，帯域幅が 10000 Hz もあれば十分と考えることが多い。「帯域を 10 kHz に制限された白色雑音」などという言いかたをすることもあり，ホワイトノイズを帯域幅 10000 Hz のブロードバンドノイズとして扱うということである。この際，60 dB/Hz といえば，このノイズのレベル密度が 1 Hz あたり 60 dB ということを意味する。

したがって，この場合でノイズのレベルを計算すれば

$$60\,\mathrm{dB/Hz} \times 10000\,\mathrm{Hz}$$

となる。前のバンドノイズと同様に，60 dB を 10000 倍すればいいわけであるが，音の強さが 10 倍で +10 dB なので，10000 倍で +40 dB ということになる。したがって

$$60\,\mathrm{dB} + 40\,\mathrm{dB} = 100\,\mathrm{dB}$$

が，このホワイトノイズのレベルということになるのである。ここで，たとえば帯域幅を 10000 Hz の代わりに 20000 Hz としても，dB の値はあまり変わらない。だから，このようなおおざっぱな計算で十分意味があるのである。

5 短音のスペクトル

(1) 短時間スペクトル

これまで説明してきた純音や周期音とは，理論的には，同じ波形が無限の時間にわたって繰り返されるものである。そうでなければフーリエ級数の前提が

成り立たず，基本音と整数倍音の線スペクトルとはならないからである。しかし，現実の音はいうまでもなく無限に続くことはない。「無限」とまではいかなくても，同じ音が数秒以上続けば，実質的に周期音・純音の条件は満たされたと考えられるが，会話音声の場合を考えると，同じ音素が数秒にわたって続くことはほとんどない。実際の会話では，1 秒の中に音節が数個から 10 個以上あり，さらに 1 つの音節の中で音の性質は複雑に変化している。そのため，音響的に同一の音が持続するのは数ミリ秒から数十ミリ秒と考えられる。この長さでは，とてもフーリエ級数の前提となる周期音の条件は満たされない。このようにごく短い時間の音のスペクトルは，上述した周期音のスペクトルと異なった性質を持つことになる。これらの短音は，厳密には周期音や純音とは呼ばない。しかし，説明の便宜のために，本書では「ごく短い周期音」などのいいかたを用いることを断っておく。

ごく短い音の断片のスペクトルを**短時間スペクトル**（short-term spectrum）という。この短時間スペクトルでは，本来の周期音や純音のスペクトルと比べてどのようなことが起こるであろうか。周期音の前提条件が崩れるということ

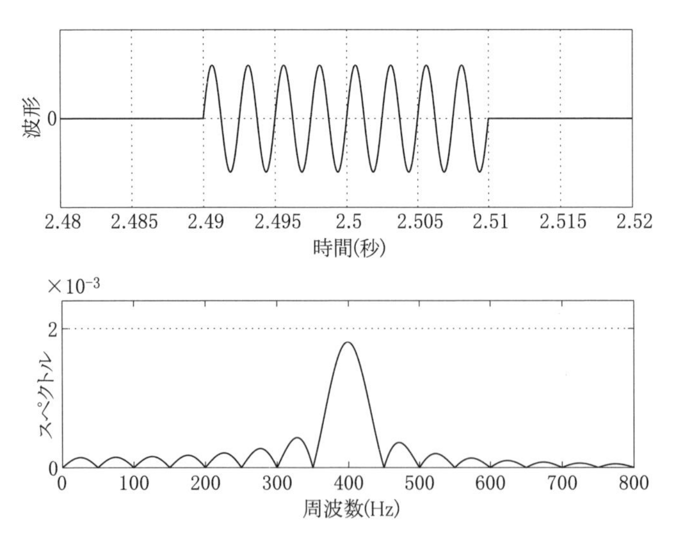

図3-14　短音の波形とスペクトル。あとに説明する方形窓によってフーリエ変換したものである。

は，短音はもはや厳密には周期音でないため，非周期音のスペクトルの特徴を持つことになる。すなわち，このような場合には線スペクトルではなく，連続スペクトルとなるのである。その様子は図 3-14 に示したようになる。本来はスペクトルが 1 本の線となるところが，その周波数を中心とした山型に広がってしまう。さらに，その両側に小さな山の列が生じている。このようなスペクトルの広がりのことを，波形の途切れによって生じる**過渡歪み**（transient distortion）と呼ぶ。

過渡歪みによって生じる最大の問題は，スペクトルが広がることによって，周波数が不明確になることである。実際，図 3-14 では，まだ周波数のピークがわかりそうにも見えるが，連続した純音のスペクトルと重ねて表示すると図 3-15 のようになり，純音の持っていた周波数の明確性は完全に崩れてしまっている。この水がこぼれてしまったイメージから，過渡歪みのことをスプラッタ（splatter）などともいう。この話は，基本的には数学的・技術的に音声のスペクトル分解をする場合の問題点であるが，同時に聴覚におけるスペクトル分

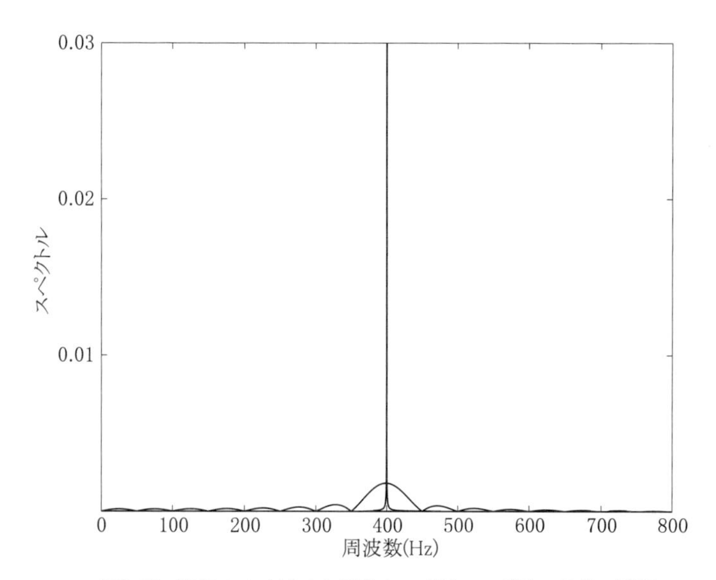

図3-15　純音のスペクトルと短音のスペクトルの高さの比較。純音の線スペクトルは高さ1（振幅に対する比率）であるが，全体を描くと短音のスペクトルが低くなりすぎるので高さ0.03までを拡大している。

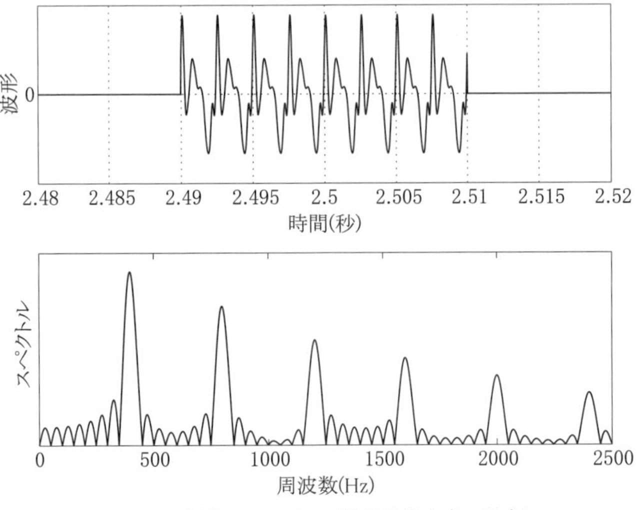

図3-16 短音のスペクトル（周期的複合音の場合）。

解の特性とも関係があり，ごく短い音では音の高さが不明確になって聴こえるのである。サンプル音 43～46 に収録してあるので，どのくらい短くなると音の高さがわからなくなるか，試してみよう。同様の現象は純音以外の周期音でも生じる（図 3-16)。

過渡歪みは，その音の持続時間が短いほど顕著に生じる。言い換えると，音が短いほど周波数は不明確になっていく。周波数の明確さを周波数分解能というが，良い周波数分解能のためには音は長いほうがいい。一方，音声は時々刻々と変化しているため，その変化を適切に分析するためには，できる限り短い時間で区切った音の波形が望ましい。時間変化の明確さを時間分解能というので，良い時間分解能のためには音は短いほうがいい。すなわち，こういうことである。音の時間分解能を上げるために音の持続時間を短くするほど，周波数は不明確になり，周波数を明確にするため音の持続時間を長くするほど，時間分解能は低下していく。このジレンマは技術的な問題ではなく，スペクトル分解というものの持つ本質的なもので，決して避けて通ることはできない。周波数分解能と時間分解能の両立は原理的に不可能なのである。天は二物を与えずということである。

豆知識 天は二物を与えずの不確定性原理

本項に述べたジレンマは，本書のような音響学的な問題だけでなく，スペクトル全般にいえることである。実際，フーリエ変換における音の場合と数学的にまったく同じ問題は，現代物理学の一部門である量子力学にも存在し，この宇宙に存在する物質の根本的な不確定さを提起している。短時間スペクトルの問題が音波という波動現象に起因しているように，量子力学においても，物質はその本質において波動であるという仮説がこのジレンマの基になっている。その結果，宇宙に存在する物質の未来は，ニュートンが確立した古典力学では運命論的に決まっていたのに対し，量子力学が提唱した不確定性原理により，物質の未来は不確定であり，運命は存在せず，我々の未来は偶然によって決まる？ というような考えかたが導かれた。読者がどう考えるか興味深いところであるが，何しろ不確定性原理のおかげで，私たちの未来に「自由な意志」のようなものが基礎づけられたのである。もっとも，現代哲学者のサルトルによれば，私たち現代人は「自由の刑に処せられている」とも指摘されている。みなさんはどう思うであろうか。

(2)《発展》窓関数

上述のように，短時間スペクトルにおけるスペクトルの広がりの問題は，本質的には回避不可能である。しかし，技術的な工夫を凝らすことによって，少しでも広がりを抑えることはできる。そのために考えられたのは，本項で説明する窓，あるいは窓関数と呼ばれるものである。

そもそも「窓」とは何か。それは，一連の音声波形をスペクトル分解する際に，前述のような事情のために，数ミリ秒から数十ミリ秒単位で，短時間の波形の断片を取り出すことである。たとえば，図 3-17 のように波形を一定の時間間隔ごとに仕切って，波形の断片を取り出すことにする。すると，ある断片を見ているときは，他の断片は無視してスペクトル分解を行うため，ちょうどその断片のところに窓を開けたようなイメージとなるのである。

その際に，図 3-17 のように仕切れば，わかりやすく簡明であるが，前述の過渡歪みが生じることになる。とくに，波形断片の両端における急激な音圧の変化が，スペクトルの広がりを助長しているので，この両端の部分を緩やかにすれば，ある程度，過渡歪みを抑えることができる。すると，たとえば同じ波

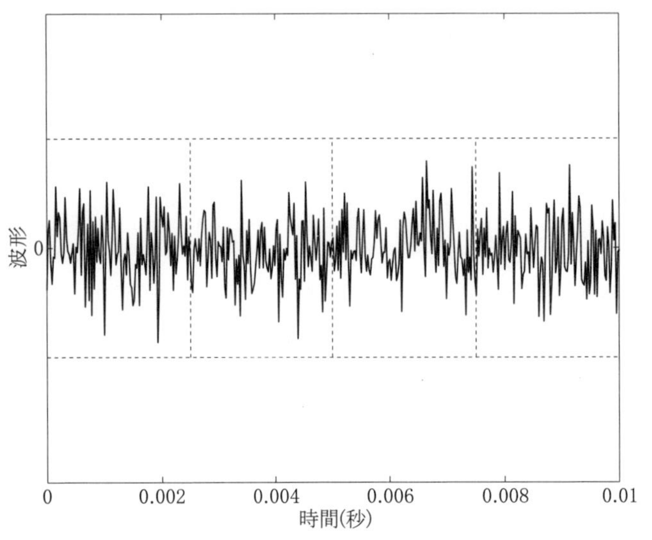

図3-17 波形を断片に仕切った例(方形窓)。

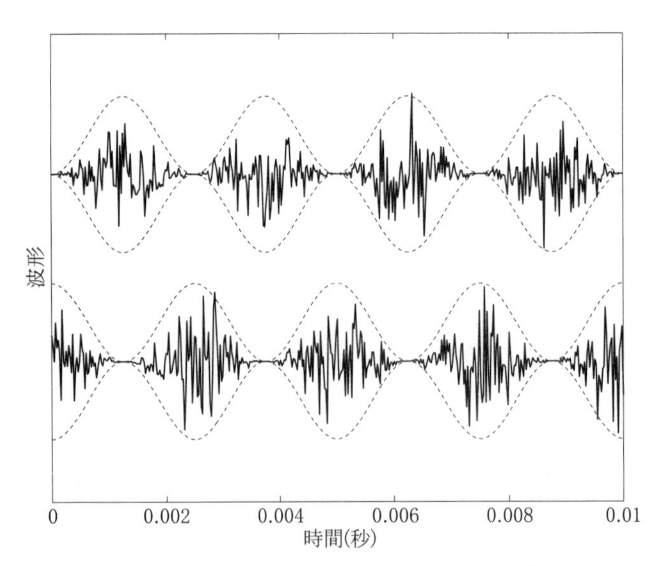

図3-18 両端を小さくした窓での仕切りかた(ハニング窓の例)。
窓の小さい部分のデータも有効に処理するため，窓どうしが重なるようにずらしていく。この場合，ずらす幅は窓幅の1/2である。

形から断片を切り出すのに，図 3-18 のようにすれば，波形の断片の両端を緩やかにできるであろう。その際，細かいことであるが，そのまま区切って断片ごとに両端を小さくすると，包絡線の谷間になってスペクトルに反映されない波形の部分が断片ごとに生じるので，そのような部分もすべてスペクトル分解して周波数を調べるため，取り出す波形の断片同士をオーバーラップして重ねるようにするのが通例である（図 3-18）。そのようにした断片の取り出しかたの代表的な方法に**ハミング窓**（**Hamming window**）や**ハニング窓**（**Hanning window**）など，いくつかの方式が提唱されている。それぞれ詳細な違いはあるが，本質的には，窓の両端を小さくして緩やかにするということで共通である。図 3-19 に方形窓とハミング窓でそれぞれ取り出した波形の断片を比較した。

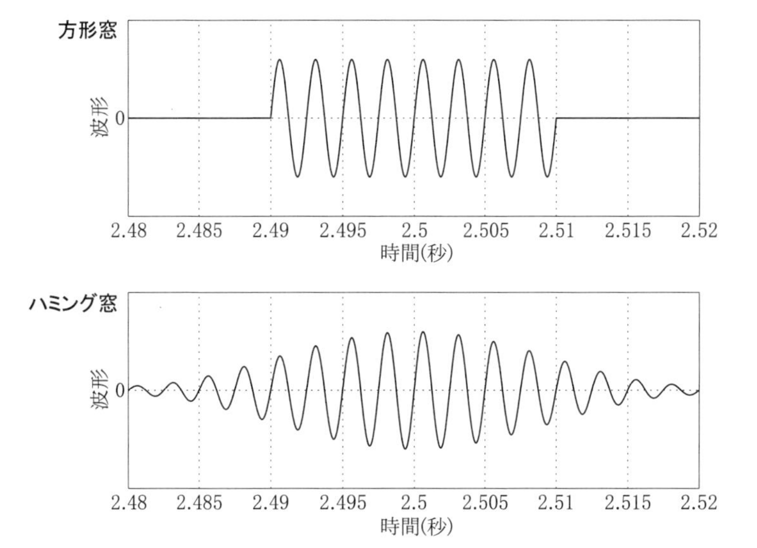

図3-19　方形窓とハミング窓による波形の断片。半幅ずつずらすため，実効的には，方形窓幅の 2 倍の窓幅のハミング窓が対応する。

ちなみに，「ハミング」も「ハニング」もこれを提唱した人の名前であり，信号処理分野では著名な研究者である。歌声の「humming」とは別のものである。念のため。これに対して，図 3-17 のようにただ区切って取り出しただけの断片は，しきりの形から「方形窓」と呼ばれる。ハミング窓を使用した場合のスペクトルを図 3-20 に示すので，方形窓の場合の過渡歪み（図 3-14）と比較してみよう。とくに，中心周波数から大きく離れた領域の成分がなくなっていることに注目してほしい。

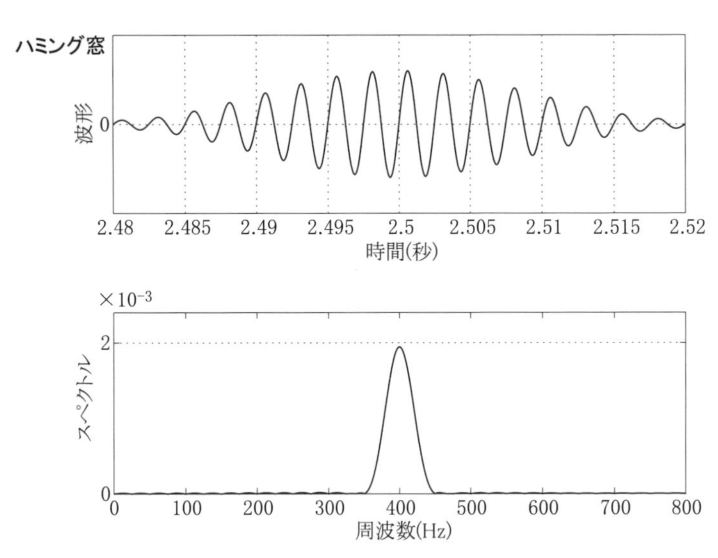

図3-20 ハミング窓での波形とスペクトル。前出の方形窓でのスペクトルと比較してみよう。とくに，中央のスペクトルのピーク高さの違いに注意。

サンプル音 47 にハミング窓を使用した場合の短音を収録してあるので，方形窓の場合と比較してみよう。

❻ サウンドスペクトログラム

音声に含まれる周波数成分を調べるとき，上述のように，最小で数ミリ秒単位で音が変化するため，それに応じた短音の波形断片に対する短時間スペクトルを，必要な数だけ調べる必要がある。それを，たとえば 1 秒間の音声について行うとすれば，多いときで 100 枚以上のスペクトルのグラフを調べることになる。そのイメージを図 3-21 に示す。左から右へと時間順に短時間スペクトルを並べてある。したがって，縦軸が周波数であり，上へ行くほど周波数は大きくなる。それぞれの横軸は周波数成分の強さを dB 単位で示している。全体として，左のグラフから右のグラフへと時間が進んでいくのである。

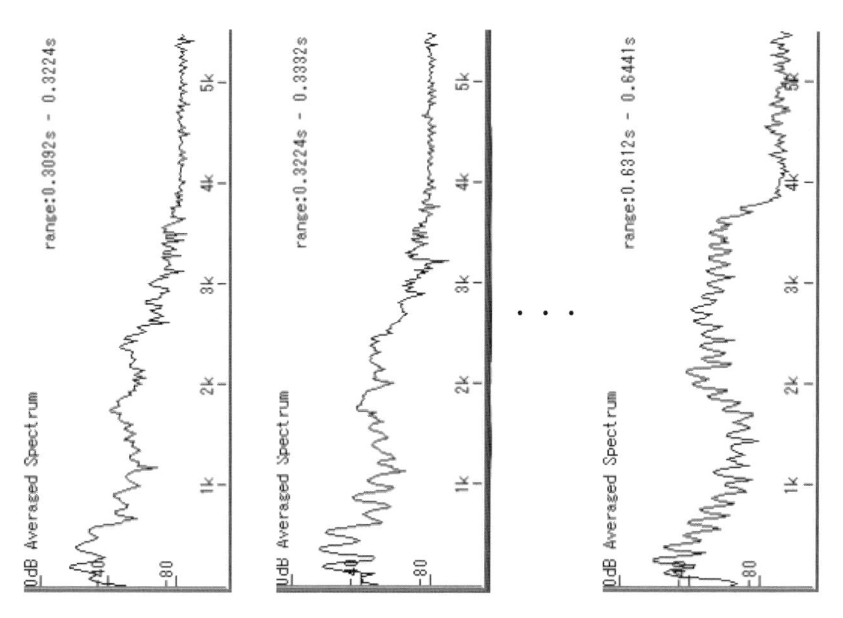

図3-21　短時間スペクトルのグラフを立てて，時間順に並べた様子。
このスペクトルは，あとに示すスペクトログラムのデータの一部である。

それぞれのグラフから何を読み取ったらいいのか，なかなかわかりにくく戸惑うことであろう。しかもそれが 100 枚以上もあると，それらの全体をどのように解釈すればいいかは，雲をつかむようなことになるであろう。

そこで，このようなデータの混乱をなくし，音声の持つ周波数成分の特徴を，時間軸とともに視覚的・直感的に見ることができるような表示方法が工夫された。図 3-22 にそのサンプルを示す。ここでは縦軸が周波数であることは，図 3-21 と変わらない。しかし，横軸は成分の強さではなく，時間軸になっている。そして，周波数成分の強さは，領域中の濃淡あるいは点の大きさによって表示される。すなわち，色の濃いところは周波数成分が強く，色の薄い部分は成分が弱いのである。図 3-21 中の 1 つのグラフは図 3-22 の細い縦の筋となっており，この画像 1 枚の中に図 3-21 のようなグラフが多数表示されているのである。つまり，この画像は，図 3-21 のような 100 枚以上の短時間スペクトルを，時間変化とともに 1 枚の絵の中に表示しているのである。

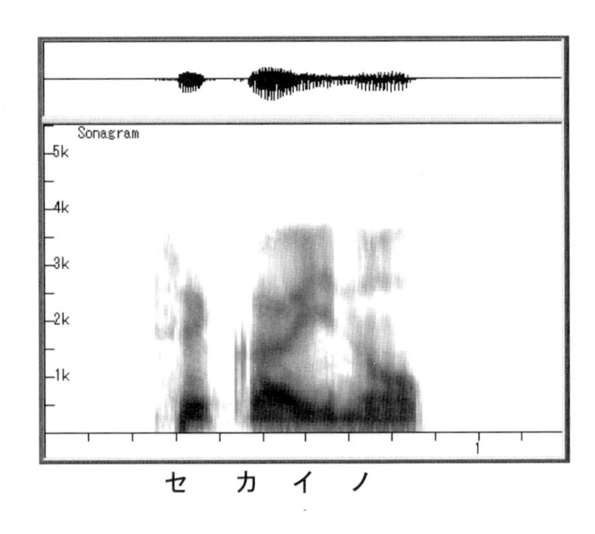

図3-22 サウンドスペクトログラムの例。「世界の」と発話している。この図は広帯域で描画している。縦縞が声帯の振動を示す。

図 3-22 のように表示されたものをサウンドスペクトログラムという。単にスペクトログラムと呼んだり，音声学の分野ではソナグラムと呼んだりするが，すべて同じ意味である。似たような言葉にスペクトログラフというのがあるが，これはスペクトログラムを描く専用の機械のことであるので，混同しないように気をつけよう。

ちなみに，図 3-22 と図 3-21 は同じ音声波形によるデータであり，日本語で「世界の」と男性の声で発音している。その音はサンプル音 48 に収録してあるので，実際の音とスペクトログラムを聴き比べてみよう。

スペクトログラムを見て気がつくことは，色の濃い部分が帯状に観察されるということである。色の濃い部分とは周波数成分の強い周波数帯，つまりは，よく響いている（共鳴している）という意味であり，いわゆる共鳴周波数帯（フォルマント，formant）を表示していると考えられる。短時間スペクトルからではなかなか見切ることの難しいフォルマントも，スペクトログラムで表示すれば，かなり直観的に解釈することができる。実際，図 3-21 のいちばん右のグラフと，図 3-22 の右の部分を比べてみたとき，短時間スペクトルのグラフだけからでは，どこにスペクトルのピーク，すなわちフォルマントがあるのか見切るのは困難であるが，スペクトログラムであれば，左から続く帯の一部として，容易に発見できるであろう。

ちなみに，スペクトログラムには，作成に用いる短時間スペクトルを作るとき，より周波数を細かく分ける「狭帯域」と，広い帯域ごとに分ける「広帯域」の 2 種類がある。「狭帯域」では周波数がより明確となる代わりに時間変化は大雑把になり，「広帯域」は周波数は大雑把となる代わりに時間変化は細かく表示される。図 3-22 は広帯域で表示したものである。同じ音声を狭帯域のスペクトログラムで表示すると，図 3-23 のようになる。両者をよく比較してみよう。狭帯域のほうが周波数成分をより細かく見ることができるが，声帯の振動によって生じる横向きの縞模様がよく見える代わりに，スペクトルの全体的な傾向であるスペクトル包絡のピーク，すなわちフォルマントは，むしろ広帯域のほうが見やすいかもしれない。

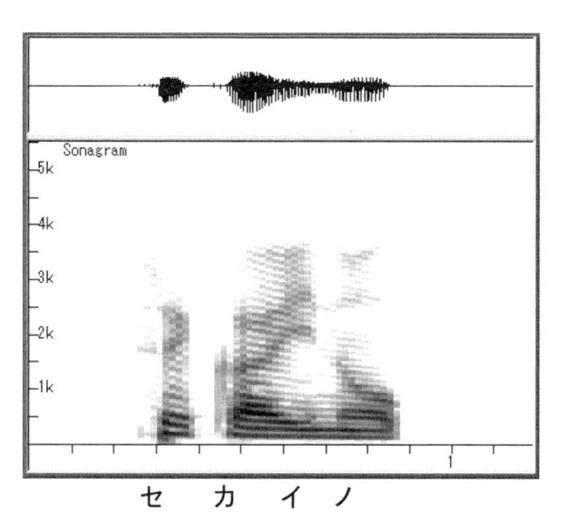

図3-23　前図と同じ音声を狭帯域で描画したスペクトログラム。横向きの縞は声帯振動の基本音と倍音を示す。声帯の振動音が周期音であるので線スペクトルとなることが横縞模様を生じさせている。

豆知識 スペクトログラムで誰の声かわかる？

スペクトログラムを詳細に調べると，話された音声の持つ音響的な特徴がある程度わかる。そこで，その特徴は話し手一人一人によって個性があり，スペクトログラムを見れば誰の声かわかるのではないか？ このような考えに基づいて，スペクトログラムに「声紋」という印象的な名称を与えた人物がいる。それは，テロリストや美空ひばりの声を分析したことなどで有名な，日本音響研究所の鈴木松美氏である。読者も，一度くらいテレビで見たことがあるかもしれない。

今日，声紋などの音響分析は犯罪容疑者の割り出しに有効であると伝えられているが，本書の読者は，スペクトログラムを見て犯人の声を同定する必要はまずないであろう。みなさんに必要なのは，スペクトログラムから，さまざまの音声障害の診断ができることである。

かつて，スペクトログラムは，スペクトログラフという高価な専門の機械によって，手間を掛けなければ作成することができなかった。しかし，今日のIT技術の発展のおかげで，パソコンと比較的安価な（あるいはフリーの）ソフトさえあれば，誰でも容易にスペクトログラムを表示することができるようになっている。このことは，言語訓練の現場にも一定の変化をもたらすであろう。すなわち，従来，訓練の現場では，もっぱら勘と経験による知識の集約によって行われていたものが，パソコンの登場によって，音響的な分析を伴って，より科学的あるいはより視覚的に明快に行われるようになると予想される。自分ではどのような声が出ているのか，クライアント自身で客観的に把握するのは，録音でもしない限り（あるいは録音しても）容易なことではない。そうした訓練の現場で，言語聴覚士が適切な解説とともにスペクトログラムなどの音響的方法を併用すれば，クライアント自身である程度自分の声の状態を把握することができるようになるであろうと思われる。

7 音のデジタル化

いままで説明してきたような，短時間スペクトルやスペクトログラムなどを作成する過程で，音をデジタルデータとして扱うためのさまざまな技術が用いられている。リハビリテーションの現場でそれほど意識することはないかもしれないが，そのような技術的背景のうち，ごく基礎的な部分について，ここで触れておきたい。

(1) アナログとデジタル

音を構成する音圧波形は，時間とともに変化する連続量である。こうした連続量を連続のままで扱う手法のことを**アナログ**（analog）という。これに対して，今日のコンピュータでのデータ処理はすべて，**デジタル**（digital）と呼ばれる不連続なとびとびの値で行われる。このため，音をコンピュータなどの電子機器で扱う場合，本来はアナログデータである音圧波形をデジタルデータに変換するということが必要になってくる。また，そのような機器から音を再生する場合には，その逆に，デジタルデータからアナログの音圧波形をもう一度発生させなければならない。

豆知識 アナログとデジタル，音質が良いのはどっち？

現在では，あらゆるオーディオ製品がデジタル化されつつあるが，デジタルはアナログより本当に音が良いのであろうか？ 実は，録音・再生条件が同じで，デジタル処理が理想的であれば，両者の音質は同等である。デジタルだから無条件に音が良いということはない。むしろ現実的には，録音・再生で使うマイク，アンプ，スピーカーやデジタル処理の品質が音の良し悪しに大きく寄与している。その結果，安価なコンポのデジタル音より，しっかりした再生装置で聴くアナログ音のほうが，はるかに音が良いということになる。現在でもなお，アナログレコードの愛好者が残っている理由の 1 つである。

では，なぜ時代はアナログからデジタルに移行しようとしているのであろうか？ その理由はいくつかあるが，以下のようなことが考えられる。

1. 音の加工性：デジタルデータであれば，パソコンなどで容易に音を加工することができる。
2. 音の保存性：アナログデータは時とともに音質が劣化していくが，デジタルデータであれば半永久的に保存が可能である[*4]。

[*4] 厳密には，デジタルデータであっても，磁気が失われるなどのデータの劣化は生じる。しかも，アナログデータの劣化と異なり，デジタルデータのエラーはデータ全体にとって致命的であることが少なくない。実際には，その対策として，データのバックアップをいくつか作

3. 複写の容易性：データの複写が容易に行え，しかも複写の際にデータが劣化することはほとんどない。

これらの事情の結果，デジタルデータを用いれば，音の複写や加工・再生の際に発生する音質の劣化やノイズの付加を大きく低減することができる。これが，オーディオ製品にデジタルデータが用いられる理由である。

(2) データのサンプリング（標本化）

何度もいうが，音は時間とともに変化する連続量である。これをとびとびの値しか許容しないデジタルデータに変換するためには，すべての時刻の値を用いることは到底不可能であるため，元の音圧波形から一定の時間間隔で音圧の値を取り出していくことになる。このプロセスを**サンプリング**（**標本化**，**sampling**）という。その様子を示すと図 3-24 のようになる。サンプリングによって，たまたま取り出した音圧の値だけを用い，残りの波形の変化はすべて捨ててしまうのである。図からもわかるように，元の波形は通常なめらかに変化しているが，サンプリングを行うことによって，データを拾った箇所以外の音圧はすべて同じ値で代用されるので，その波形は階段状のものとなる。初期の CD プレーヤーなどは，その階段状の波形をそのまま再生したので，その波形に伴う（方形波のような）高調波が生じ，音が荒いなどの批判が相次いだ。現在では，そのような音の劣化が少しでも抑えられるよう，技術的な工夫がなされていると思われる。

すぐわかるように，より良い音質のためには，音圧データを取り出すサンプリングの時間間隔ができるだけ短いほうがよい。このとき，1 秒間にサンプリングを行う回数を**サンプリング周波数**（**標本化周波数**）といい，単位 Hz で表す。すなわち，良い音質のためには，できるだけサンプリング周波数が大きいほうがよいのである。ちなみに，音楽 CD のサンプリング周波数は 44100 Hz であり，電話のサンプリング周波数は 8000 Hz である。ということは，電話より CD のほうが音質が良いということになるのである。サンプル音 49 に，同じ音楽をサンプリング周波数を変えて収録してあるので，音質がどの程度違う

り，その上で，ときどきデータの複写を行って保存し直すことが必要である。

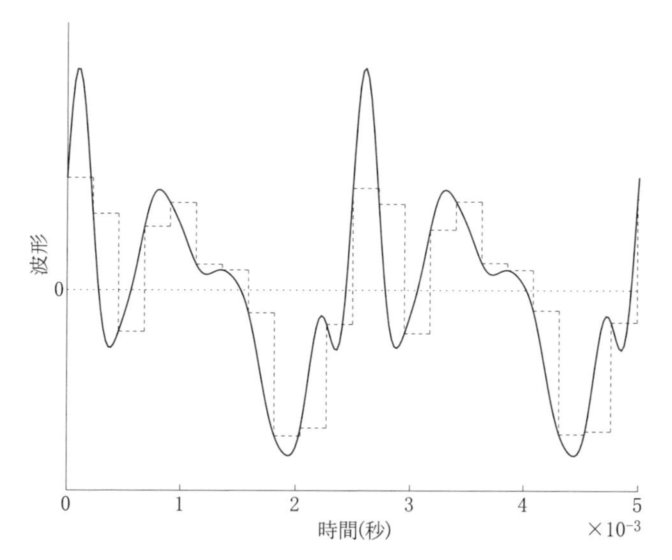

図3-24　音のサンプリング。音をデジタル化するために，元の連続的な波形から，とびとびの箇所しかデータを使えないので，サンプリングしたデジタル波形は階段状になる。

か確かめてみよう。

では，こうしたサンプリング周波数でデジタル音を作成したとき，どのくらいの周波数の音まで再生が可能であろうか。その答えはシンプルであるが，デジタル信号処理の中で重要な位置を占める定理である。その名をサンプリング定理（標本化定理）といい，内容は

「デジタル音で再生できる最大の周波数は，サンプリング周波数の 1/2 である。この値を**ナイキスト周波数**[*5]（**Nyquist frequency**）と呼ぶ」

というものである。

どうしてサンプリング周波数の 1/2 までが再生可能なのであろうか。その理由を直観的に説明してみよう。たとえば，図 3-25 のような純音があったとする。いま，この純音の周波数を再生するためには，どの程度の頻度でサンプリ

[*5] この定理を証明したハロルド・ナイキストにちなむ。

ングすることが必要であろうか。もし，上段のようにサンプリングしたとすると，これは純音波形の山の頂点ごとにデータをとっているので，サンプリング間隔と純音の周期は同じである。すなわち，サンプリング周波数と純音の周波数は同じである。このとき，図から明らかなように，サンプリングした箇所同士をつないでも，純音の持っている音圧変化はまったく反映されず，何も音は生じない。

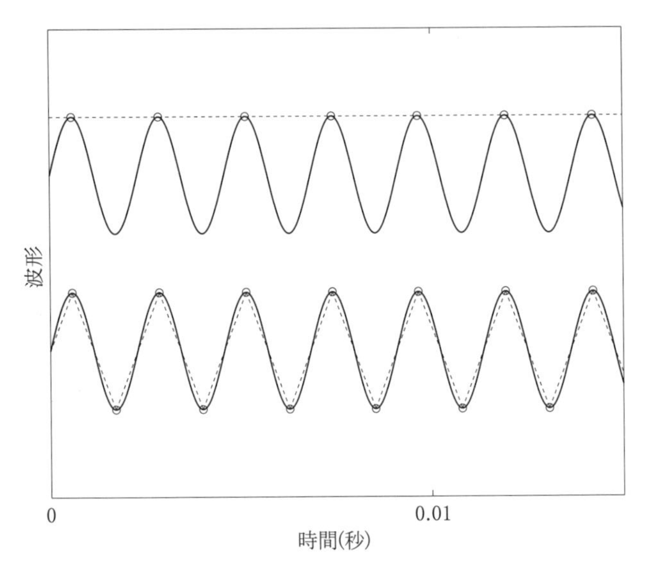

図3-25 サンプリング間隔と周波数。上段は，純音の周波数とサンプリング周波数が等しい。下段は，サンプリング周波数が純音の周波数の2倍である。

では，下段のようにしたらどうか。上段と比べることによってわかるように，サンプリングの間隔は純音の周期の半分，すなわちサンプリング周波数は純音の周波数の 2 倍である。このとき，純音の音圧の変動のうち，山と谷の部分にかろうじて追随することができる。これよりサンプリング間隔が広いと，純音の音圧変化にサンプリングする値の変化がついて行くことができない。したがって，少なくともサンプリング間隔は周期の半分，すなわちサンプリング周波数は純音の周波数の 2 倍必要ということになる。言い換えれば，純音として再生される周波数は，サンプリング周波数の半分までが限界ということである。

ここで，もう一度，音楽 CD と電話のサンプリング周波数の意味を考えてみよう。音楽 CD の場合，サンプリング周波数は 44100 Hz なので，再生可能な周波数はナイキスト周波数の 22050 Hz までである。これは，人間の聴覚による可聴範囲がおよそ 20000 Hz までであり，それ以上の高周波音を再生しても，それは超音波といって人の耳では聴くことができないため，CD 程度の周波数まで再生できれば，人が聴く限り十分と考えられるからである。また，電話の場合は，そこで使用される音は主に会話音声であり，会話音声の聞き取りに必要な周波数はだいたい 4000 Hz であることから，サンプリング周波数が 8000 Hz あれば，ナイキスト周波数の 4000 Hz まで再生可能なので，会話には十分と考えられるからである。ちなみに，鈴虫の音など，私たちのまわりには 4000 Hz 以上の成分のみを含む音もあり，そのような音は電話で伝えても決して聴こえないのである。

発展 高い周波数の音を無理にデジタル化すると…

もしも，ナイキスト周波数よりも高い周波数成分を含む音を無理にデジタル化するとどうなるであろうか。簡単のため，2000 Hz の音を 3000 Hz のサンプリング周波数でデジタル化することを考える。するとデータの拾いかたは図 3-26 のようになる。

本来は実線のように音圧は変動しているが，その読み取りは 1 周期の 3 分の 2 ごとになる。その結果，図のように実線の変動成分はまったく失われ，代わりに，それよりも周期の広い破線のような振動成分が生じるのである。これは実在する音の周波数よりも低い周波数の音が発生していることになり，**折り返しノイズ**（**エイリアスノイズ**，**エイリアシング**）と呼ばれる。「折り返し」とは，ナイキスト周波数を挟んで実在の周波数と反対側に折り返した周波数の音が発生するからで，この場合，ナイキスト周波数は 1500 Hz であるから，これを挟んで 2000 Hz の反対側，すなわち 1000 Hz の音が発生するのである。なお，エイリアスとはエイリアンと同じ語源で，「異星人」，つまり実在と異なるという意味である。

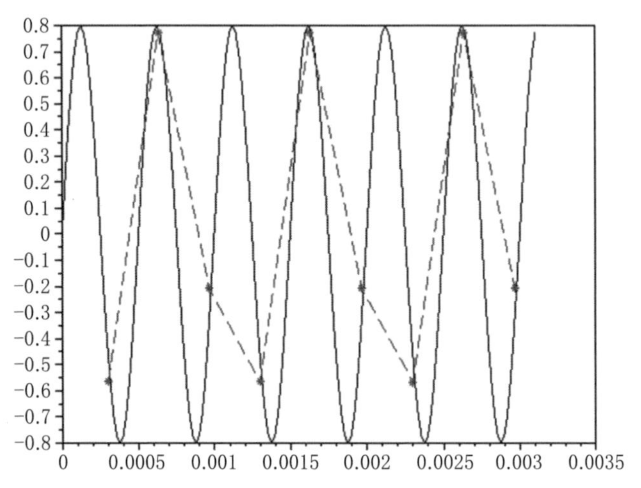

図3-26 2000 Hzの純音を3000 Hzのサンプリング周波数でデジタル化した場合のデータの読み取り。

豆知識 音楽 CD の限界？

そういうわけで，人間が普通に聴く限り，音楽 CD のサンプリング周波数 44100 Hz は，もうこれ以上の音質は必要とされない上限のように思われる。しかし，本当にそうであろうか？ 音や音楽の研究者である大橋力氏の報告によれば，通常の音楽 CD で音楽を聴いた場合と，より高周波域まで再生できる特別な再生装置で音楽を聴いた場合では，後者のほうが脳波の反応が活発であったという報告がなされている。この事実は何を意味しているのであろうか？ 人の聴覚の上限 20000 Hz は，実は気導音の話である。人の聴覚には，鼓膜を通じて感じる気導音の他に，内耳へ直接振動を伝える骨導音が存在する。後者の場合，実験によっては，最大 80000 Hz くらいまで聴くことができたという報告もある。実のところ，人間は音と意識していないだけで，かなりの超音波まで感じることができるのかもしれない。そのような事情を反映してか，最近のオーディオでは，DVD を利用したスーパーオーディオソフトも見かけるようになった。一度聴き比べてみたいところである。もっとも，超高周波音を正しく再生するためには，それに見合ったアンプやスピーカーが必要であるし，実際，サンプル音 6～8 に収録されている 14000 Hz 以上の高周波音でも，かなり聴き取りにくくなっているのがわかるであろう。そのような超高周波音は，独立した音としてではなく，音楽に付加された何らかの高周波振動として，身体のどこかで感じているのであろう。前述の研究者は，環境音における超音波成分の心身に対する積極的効果について言及しており，熱帯地方における鳥の鳴き声や木々のざわめきに超高周波音が多く含まれていることを指摘している。高周波音の免疫力向上に対する療法効果なども報告されているが，そのメカニズムは未だ未解明である。

発展 音圧の量子化

本項では，デジタル音では，音圧の値を時間的にとびとびの値しか取り込むことができないことを説明した。しかし，とびとびになるのは時間だけではない。当の音圧の値そのものもどういう値をとってもいいわけではなく，一定の間隔で仕切られた値しかとることができないのである。このプロセスを**量子化**（quantization）という[*6]。本来連続して変化する量を，何段階かの値に区切ってしまうのである。当然のことながら，良い音質のためには，できるだけ細かく，すなわち多くの段階に区切ったほうがよい。

いちばん段階が少ないのは 0 か 1 かの 2 段階で，この方式で量子化するのを 1 ビットという。2 ビットでは 2 の 2 乗で，0，1，2，3 の 4 段階である。音楽 CD では 16 ビットで量子化されており，音圧は 2 の 16 乗すなわち 65536 段階に区切られている。ときどき 24 ビットなどと謳った CD を見かけるが，それは CD を制作する途中の量子化ビット数で，制作途中ではより高音質で音声処理をしているが，できあがった CD 自体は 16 ビットになっている。

[*6] 実際の量子化では，音圧値の使用度に応じて，音圧範囲ごとに仕切り間隔を変動させていることも多い。

第4章 音響心理学

「心理学」と聞いて，みなさんはどんなイメージを抱くであろうか。心理学の分野は多岐にわたっているにもかかわらず，多くの読者が臨床心理や精神分析を思い浮かべるのではないだろうか。その理由として，心理学といえば夢分析や性格分析のようなものがちまたに流行していることもあるだろうし，本書の読者の多くが目指しているであろうリハビリテーション専門職においては，別の意味で臨床心理学の知識が必要とされるということも考えられるであろう。しかし，心理学の中で，そのような臨床的な部分は一部であり，実際には，本書の内容が含まれるであろう実験心理学や，今日著しい発展を示している認知心理学など，相当イメージの異なる分野が複合しているのである。本章で扱う音響心理学も臨床的な知見と本質的には何らかの関係は持つものの，どちらかといえば実験心理学の色合いが濃い，かなり客観的な分野である。

音響心理学とほぼ同じ内容を扱う分野に，聴覚心理学がある。この2つは実質的に同じものと考えてよいであろう。なぜなら，「心理」を伴う音響とは，必ず聴覚を伴うと考えられるからである。ごく例外的に音響を伴わない聴覚や，聴覚を伴わない音響心理も考えられないではないが，多くの場合，これらも含めて音響心理学や聴覚心理学と呼ぶと考えてかまわないであろう。

いずれにしても，この分野のトピックを網羅的に記述しようとすれば，それだけで大部の著書が丸一冊以上必要であろうと思われる。そこで本書では，とくに言語聴覚士の国家資格に必要と思われる項目に限って，それを重点的に解説する。前章も数学的抽象度の高い内容であったが，本章（そして第5章）もまた，近年に解明された（あるいは現在，解明されつつある）知見を含むレベルの高い内容である。数理的に難解な記述は用いないが，説明されている内容を正確に理解するためには，文章の表面を追うだけでは十分とはいえないであろう。そこに説明されていることを，図の意味や，示されている各種の量とともに，とくに定性的な事項を正確に理解することが望まれる。

1 音の大きさの知覚

最初に断っておくが，音の「大きさ」とは，聴覚で感じる感覚の程度のことであるのは前述のとおりである。すると，音の大きさの知覚といったときに，何をもって音の大きさを定義するのか，容易なことではない。何といっても，個人個人が感じているのが音の大きさであるので，その大きさを定義したり，測定しようとしても，どうしても主観的な要素を完全に排除することはできない。音響「心理学」たるゆえんである。しかし，その主観性の中から，何とかして客観的な法則性を見いだそうとして，いくつかの定式が提案されたのである。いずれにしても，そういう主観的なものについての議論であることを念頭に置いて，以下の説明を読んでほしい。

(1) フェヒナーの法則

この法則については前にも一度説明しているが，ここであらためてまとめ直しておこう。**フェヒナーの法則（Fechner's law）**をひと言で書くと

感覚は刺激の対数に比例する

ということである。ここで，感覚を L，刺激を I とすれば，比例定数を k として

$$L = k \times \log I \tag{4.1}$$

と表される。対数の性質として，刺激が等比的に 1，10，100，1000，$\cdots$ と変化するに従って，感覚は等差的に 1，2，3，4，$\cdots$ と変化していく。すなわち，感覚は弱い刺激に対しては敏感であるが，強い刺激に対しては鈍感であることが示される。この事実はいわば当然のことで，もし感覚が強い刺激に対して敏感にできていたら，私たちは日々，気が狂いそうになるほど刺激過多になってしまうであろう。

また，慧眼な読者はもう気づいていると思うが，このフェヒナーの法則こそ，dB の単位を感覚に近いものにしている基礎である。実際，式 (4.1) は，定数を変えれば，そのまま dB の式になっているのである。したがって，dB を用いているとき，フェヒナーの法則が成り立っていることを暗黙に使っているともいえるのである。フェヒナーの法則をグラフで表現すると，図 4-1 のようになる。横軸が刺激の強さで，縦軸が感覚の大きさである。刺激が強くなってグラフの右のほうへ行くほど，感覚の大きくなる割合が小さくなっているのがわかるであろう。

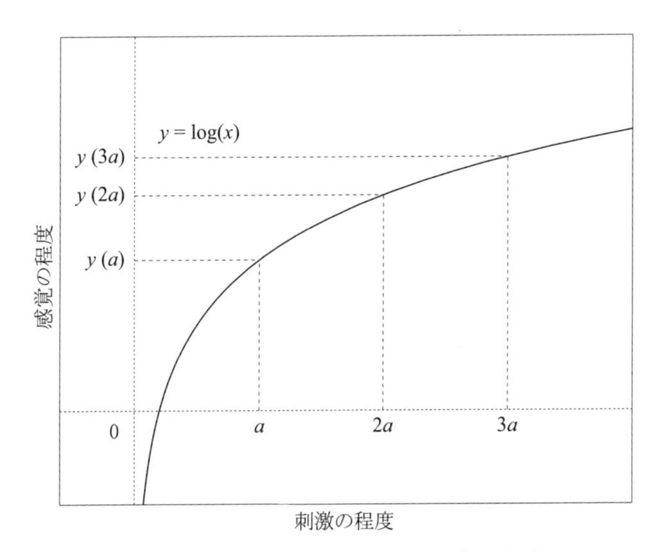

図4-1 フェヒナーの法則。刺激が同じ割合で強くなっていったとき，感覚の大きくなる割合は小さくなっていく。

フェヒナーの法則を直接反映した，音の大きさの尺度に**フォン**（phon）がある。フォンについては以前にも説明したが，ここに再掲すると，図 4-2 のような音の等感曲線に基づいている。しかし，その基準となるのは 1000 Hz のときの dB SPL の値であるため，もしフェヒナーの法則が正確に成り立つのであれば，少なくとも 1000 Hz の純音に関しては，フォンの値の差は音の大きさの差を示すものと考えられるであろう。しかし，その他の周波数においては，

dB の値と phon の値の対応比率が異なり，対応度もそれほど高くないことから，dB の値をそのまま音の大きさの尺度として用いることはできない。そこで，1000 Hz と他の周波数の純音での音の大きさを比較する実験を行い，多数の被験者で多数の測定を行った結果が図 4-2 である。そして，音の大きさが 1000 Hz のときの dB SPL の値と等しくなる値をとって，単位 phon をつけて音の大きさと定義するのである。前述のように，この尺度は音の大きさの程度は表すが，音の大きさの比率は正しく表示しない。すなわち，40 phon の音は 20 phon の音の 2 倍の大きさとは限らないのである。

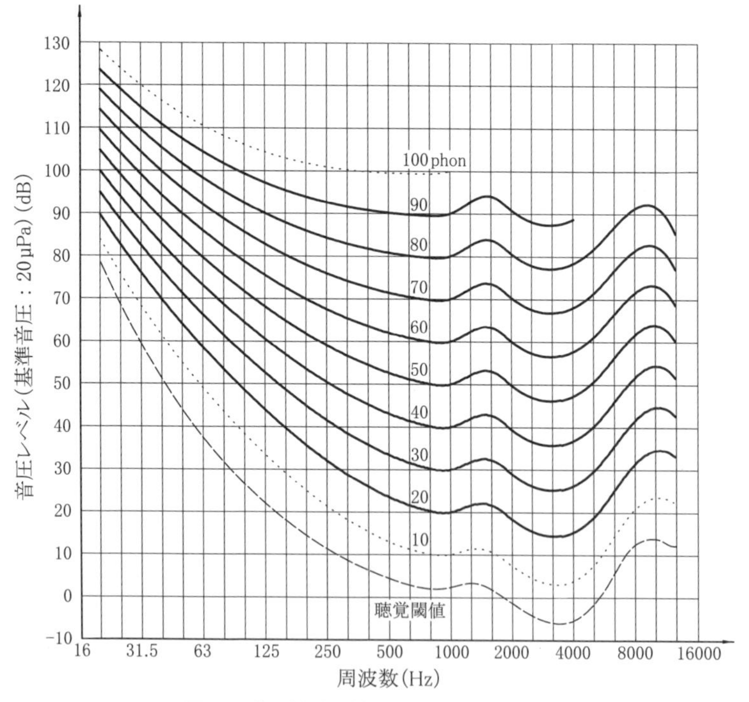

図4-2 音の等感曲線。(出典：ISO 226-2003)

参考 補充現象

難聴者は健聴者に比べて聴覚閾値が高い。すなわち，より強い音でなければ聴こえない。では，難聴者に話しかけるときは，すべての音を強くすればいいかといえば，そうではない。なぜなら，いったん閾値よりも強くなった音は，音の強さが増すにつれて，健聴者よりも急激に大きく聴こえるからである。このような現象を，**補充現象**（recruitment phenomenon）という。つまり，難聴者には，弱い音は聴こえないが，強い音は健聴者と同様に「うるさい」のである。この現象は，閾値が上昇した分を，急激に大きさを上昇させることによって「補充」していると解釈される。

ところで，この補充現象は健聴者でも容易に体験することができる。図 4-2 で，左側の低周波数域を見てほしい。低音は中域に比べて聴覚閾値が上昇しているのが破線の上昇でわかる。しかし，その上の実線は，中域に比べて低域では線の間隔が狭く混み合っている。すなわち，少しの dB 値の上昇によって急激に大きさが変化する補充現象が生じているのである。このことを，CD プレーヤーなどによって音楽を聴いている場合に当てはめてみよう。多くの場合，自宅などでは，ホールでの生演奏に比べ，相当ボリュームを落として聴いているであろう。もし同程度の音量で再生すれば近所迷惑になるし，その前に家族から苦情が来るであろう。そうすると，全体の音の強さが弱くなるに従って，中域より低域のほうが急激に音の大きさが小さくなる。その結果，音量を落とした音楽を聴くと，低音の部分が本来のバランスより小さく聴こえることになり，低音がもの足らないということになる。そこで，多くの機器で，「loudness」などのボタンを押すと，とくに低音が強調されて，生の演奏に近い迫力を少しでも得られるようになっているのである。最近のオーディオ機器が低音再生専用の仕組み（ウーファーと呼ばれる穴など）を持っているのも同じ理由による。

豆知識 聴覚順応と聴覚疲労

聴覚が大音量にさらされると，聴覚閾値が上昇するということがわかっている。この現象を聴覚順応という。また，その大音量の音がなくなった後もしばらくの間，閾値の上がった状態が続く。これを聴覚疲労という。言わば，一時的に聴力が衰える現象が生じるわけである。この際，大音量というだけでなく，長時間ということが 1 つのポイントである。つまり，どのくらいの時間その音にさらされていたかが，聴覚疲労がどの程度生じるかに影響する。

聴覚疲労が生じる代表的な例として，ヘッドフォンステレオを電車の中などで聴いている場合がある。電車の中では，振動などの背景騒音のために，室内と同じように音楽を楽しむためには相当の音量まで上げなくてはいけない。想像以上の音量負荷が長時間，聴覚に及ぶのである。また，ライブコンサートに参加したあと，耳がボーッとする感覚を覚えることがあるが，これもまた聴覚疲労である。

一方，意外に思うかもしれないが，たとえば新幹線が間近を通過する場合などは，繰り返しその状況にさらされなければ影響は小さい。なぜなら，通過音の持続時間がそれほど長くないからである。こうした交通公害の問題は，騒音の問題に加えて，振動などを含む複合的な要因が付近の住民に強いストレスを与えることが問題なのである。しかし，こうしたストレスとその健康被害の因果関係は証明することが難しく，公害裁判での補償がスムーズにいかない要因の 1 つになっている。

聴覚疲労は一時的な現象なので，時間がたてば聴力は回復する。しかし，きわめて長時間，あるいは繰り返し聴覚疲労を起こすと，永続的に聴力が回復しなくなることもある。この場合は，聴覚疲労がもとで聴力損失が生じてしまったのである。前述のヘッドフォンステレオやライブコンサートの場合でも，こうしたことが日常的に起こっていると，聴力損失が生じる危険は大きいと言える。

実際，ここ数年で若者の聴力が目立って落ちてきているという実感がある。若者の特権と思われた 17000 Hz のモスキート音が聴こえなくなってきたのである。彼らの育った期間を考えると，スマートフォンが一気に普及してきた時期，すなわち中高生や小学生までもがスマホを持つようになった時期と重なる。つまりは，スマホでイヤフォンをつけてゲームや音楽に興じることが影響していると推測されるのである。SNS などでの問題，ゲーム依存症に加えて，聴力損失の問題もかなり深刻になってきているのではないだろうか。

発展 1 日に許容される騒音のレベル

上の豆知識に関連するが，それでは，どれほどの騒音だと聴覚に影響があるのであろうか。それは，単純に騒音レベルだけの問題ではなく，1 日あたりにその騒音にさらされる時間（曝露時間）が大きく関係してくる。この様子を示したのが表 4-1 である。

この表で，それぞれ右側は騒音レベルの dB (A) 表示で，左側が許容される時間である。あくまで許容基準であるので，この時間なら絶対大丈夫ということではなく，この程度は許容されるという基準と考えるべきであろう。ここで，左上の 80 dB を見ると，1 日あたり 24 時間が許容時間である。つまり，80 dB なら，1 日中鳴っていても許容されるということである。このレベルの音環境としては，電車の車内，ボウリング場，犬の吠え声などが挙げられる。これらは長時間継続しても，至近距離でなければ，聴覚的な影響は小さいという意味である。もっとも，一日中犬が吠えていては別の問題で体調を崩すかもしれない。一方，右下の 100 dB では，わずか 15 分で聴覚障害の恐れがあるということである。たとえば電車の高架下などの音環境がこれに近い。

労働環境との関係では，労働基準法によれば 1 日あたりの労働時間は 8 時間となっているので，この表で曝露時間が 8 時間のところを見ると 85 dB となっている。したがって，騒音レベルが 85 dB 以上の職場では，聴覚障害の恐れがあるため，定期的に聴力検査を実施しなければいけないことが厚生労働省のガイドラインによって定められている。

表 4-1　騒音レベル（A 特性音圧レベル）による許容基準
（出典：日本産業衛生学会「許容濃度等の勧告」，2004）

1 日の曝露時間 時間-分	許容騒音レベル dB	1 日の曝露時間 時間-分	許容騒音レベル dB
24-00	80	2-00	91
20-09	81	1-35	92
16-00	82	1-15	93
12-41	83	1-00	94
10-04	84	0-47	95
8-00	85	0-37	96
6-20	86	0-30	97
5-02	87	0-23	98
4-00	88	0-18	99
3-10	89	0-15	100
2-30	90		

(2) スティーブンスのべき法則

フェヒナーの法則は，聴覚に限らず，刺激と感覚の関係を表す法則として広く定着してきた。しかし，より詳細な研究によって，理論値と実験値の間に多少のずれが存在することが指摘され，これに対してスティーブンスは新たな定式を提唱した。その結果，新しい法則のほうがより実験値に近いということがわかり，今日ではスティーブンスの定式の妥当性が信じられている。その法則とは

感覚は刺激のべき（何乗か）に比例する

というもので，これを**スティーブンスのべき法則**（Stevens' law）という。感覚を L，刺激を I，比例定数を k，べきの次数を α とすれば

$$L = k \times I^{\alpha} \quad (\alpha < 1) \tag{4.2}$$

となる。「べき」は「〜乗」の意味である。ここで，次数の α は，感覚が刺激が強くなるほど鈍感になるという特性を考えると，必ず1より小さくなくてはいけない。音の大きさの場合，その値はだいたい $\alpha = 0.3$（より詳細には0.27）といわれている。スティーブンスのべき法則をグラフにすると，図4-3のようになる。定性的には，フェヒナーの法則と大きく異なるものではない。次数 α の値が小さいほど，刺激が強くなるに従って感覚が鈍感になる割合が大きくなっていく。

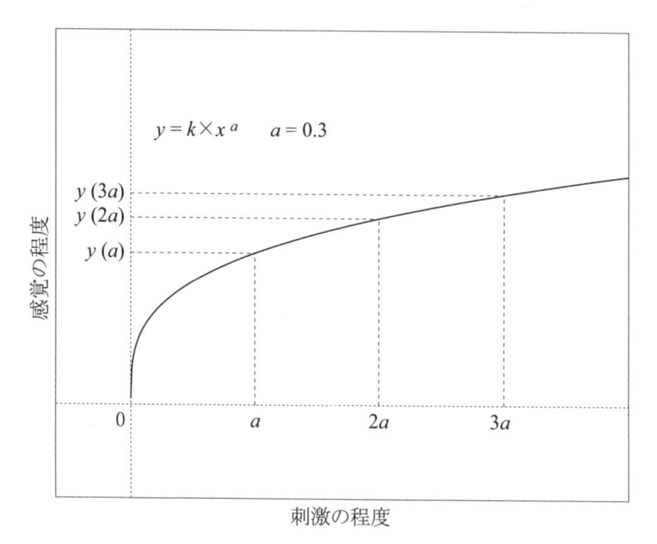

図4-3 スティーブンスのべき法則。定性的には，フェヒナーの法則と大きな違いはない。

スティーブンスのべき法則と数理的に関連する大きさの尺度として，ソーン（sone）がある[*1]。sone は次の基準値

1000 Hz，40 dB SPL（40 phon）のとき，1 sone とする

[*1] 数理的にソーン尺度を導くことは本書では省略する。興味ある読者は，境久雄編著『聴覚と音響心理』（コロナ社）の p.141–143 を参照してほしい。

を基に，音の大きさの測定実験によって，1 sone の 2 倍の大きさのとき 2 sone，3 倍の大きさのとき 3 sone と決めるのである。sone は音の大きさの比率を正しく表すので比率尺度といわれる。ここで，sone と phon の関係をグラフで示すと，図 4-4 のようになる。この図では，横軸が phon（＝実質的に dB），縦軸が sone の対数軸になっていることに注意したい。その意味をよく考えれば，直線部分がスティーブンスのべき法則に一致しているということがわかるはずである。なぜなら，何乗かに比例する関数のグラフは，両対数軸で表示すると直線になるからである。実際

$$y = k \times x^{\alpha}$$

のとき，両辺の対数をとると

$$\log y = \log(k \times x^{\alpha}) = \log k + \alpha \times \log x$$

なので，ここで，$\log y = Y$，$\log x = X$，$\log k = K$ とすれば

$$Y = K + \alpha \times X$$

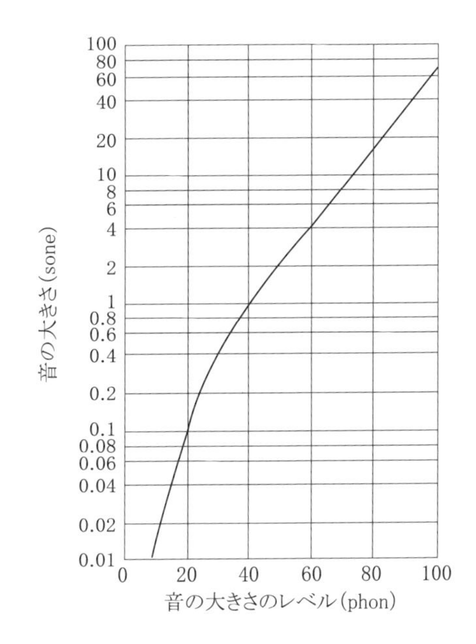

図4-4　soneとphonの関係。対数軸を使用していることに注意。（出典：境久雄編著『聴覚と音響心理』コロナ社，1978）

と1次関数の形になるので，グラフ上に対数が表示される両対数軸では，グラフは直線になるのである。ちなみに，その傾き α は「〜乗」の次数である。

豆知識 音の大きさって，どうやって測る？

sone 尺度では，音の大きさが2倍などの量を，実験的に求めることになっている。しかし，実際のところ，「2倍の大きさ」というのは，どのようにしてわかるのであろうか。たとえば，被験者にある純音を提示して，「ボリュームつまみで音の大きさを2倍にしてください」などと教示しても，被験者は戸惑うばかりであろう。このように，音響心理の実験は多くの「主観」の壁に阻まれて，実験の設定方法は相当の工夫を要求されるのである。2倍の大きさを測定する1つの方法としては，たとえば片方の耳に周波数の離れた2つの純音を同じ大きさで与える。そして，反対側の耳には第3の純音を与え，ボリュームつまみを被験者が動かして，左右の耳の音の大きさが同じになるように調節してもらう。そうすれば，2つの音が聴こえている耳と1つの音が聴こえている耳の大きさが同じわけだから，1つの音の大きさは2つの音のそれぞれの大きさの2倍と考えてもいいのではないか，というわけである。みなさんは納得できたであろうか？

(3) ウェーバーの法則

次に，音の強さがどのくらい変化すれば，その違いが検知できるかということについて考えてみよう。一般的に，刺激が弱ければ，比較的小さな違いでも検知できるが，刺激が強いときには，より大きな変化がないとその違いはわからない。検知できる最小の変化量について，ウェーバーによって次のような法則が提起された。すなわち

検知できる最小の変化量は，刺激（音）の強さに比例する

ということである。これを**ウェーバーの法則**（Weber's law）という。ここで，検知できる最小の変化量を ΔI，刺激の強さを I とし，比例定数を k とすれば，ウェーバーの法則は

$$\Delta I = k \times I \tag{4.3}$$

と表される。ここで，どの程度の違いがあればそれが検知できるのかは，比例定数 k の値によって決まる。すなわち，上式を変形すれば

$$k = \frac{\Delta I}{I}$$

となって，これが元の刺激の強さ I に対する変化量 ΔI の比率を表す。音の場合，変化後の強さの変化前の強さに対する比率は約 1 dB といわれている。1 dB とは，前出の音圧対応表で見れば 1.12 倍のことであるから，音の強さで約 1.25 倍となるので，k の値は 0.25 あるいは約 25 % となる。つまり，音の強さがおおよそ 25 % 変化すれば，その違いが検知できるということである。卑近な例でいえば，月給が 10 万円の若者であれば，2 万 5000 円昇給すれば給料が上がったという実感があるが，月給 1000 万円ももらっているような人にとっては，2 万 5000 円増えても何らその違いがわからず，250 万円増加したところで，やっと昇給に気づくという感覚だということである。

なお，音の強さのレベルが大きくなると，実際の強さの差の弁別能は，ウェーバーの法則ほどは鈍感にならず，それよりもわずかに向上することがわかっている。これをウェーバーの法則へのニアミスと呼んでいる。詳しいメカニズムについては，B.C.J. ムーア著/大串健吾監訳『聴覚心理学概論』（誠信書房）の p.70–73 を参照してほしい。

(4) 外耳道内外における音圧の変換

音の大きさを感じる聴覚系は，気導音の場合，鼓膜での音圧によってその物理的な刺激量が決まる。この最後の過程のうち，外耳道の入口と鼓膜上では，外耳道内の共鳴特性などによって，周波数によって音圧に差が生じている。その様子を示したのが図 4-5 である。図からわかるように，低域ではほとんどこの影響がないが，3000～4000 Hz を頂点として，最大で 10 dB ほど，外耳道入口より鼓膜上のほうが音圧が高くなっている。実際，このグラフで値の大きくなっている周波数では，図 4-2 の等感曲線が下方に下がっているという対応関係が見いだされる。外耳道内でよく共鳴する周波数の音に対しては，当然のことながら敏感に感知するわけである。

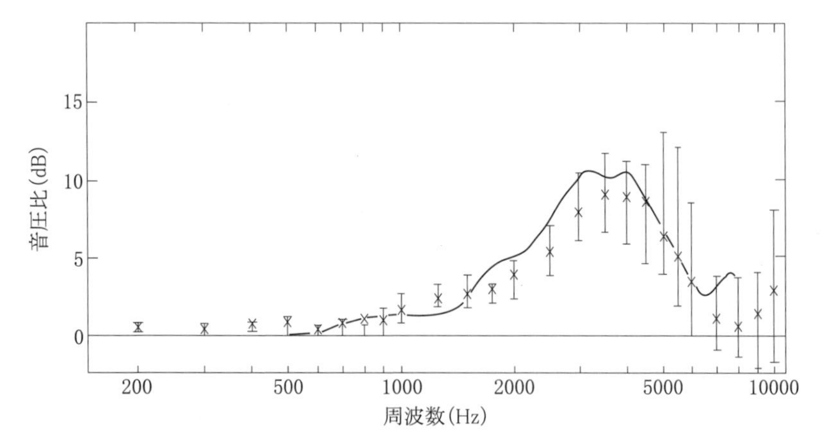

図4-5 鼓膜と外耳道入口における音圧の差。外耳道入口での音圧に対する鼓膜での音圧の倍率をdBで示している。(出典：B.C.J.ムーア著/大串健吾監訳『聴覚心理学概論』誠信書房, 1994)

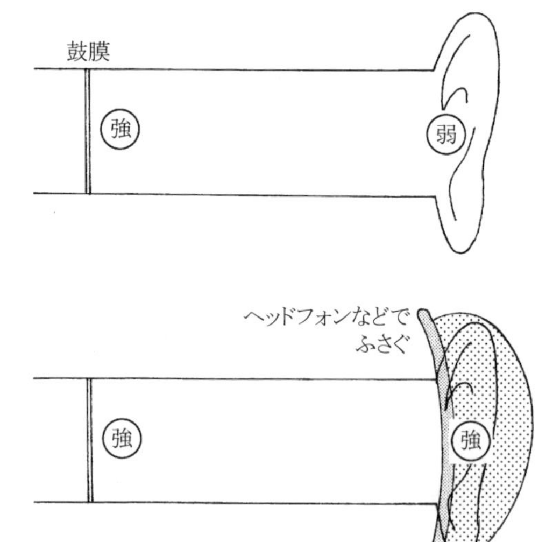

図4-6 自由音場と受話器装着時の違い。受話器を装着することによって，外耳道入口と鼓膜付近の音響的非対称性が少なくなる。

また，第 2 章で説明した，dB HL の基準値が自由音場と受話器装着時で異なる理由の 1 つがここに示されている。自由音場では外耳道内外での音圧の変換があるのに対し，受話器を装着すると，そのスピーカーから音の出る箇所は外耳道内となって，鼓膜上との音圧の相違はなくなるため，聴覚閾値となる音圧も図 4-5 のグラフ程度の差が生じるのである（図 4-6）。両者の基準値の違いのうち，高域における音圧の差とこのグラフの差はほぼ一致しているのがわかる。低域における差は，前述の別の理由によるものである。

(5) 音の強さを弁別する仕組み

本節の最後に，音の強さを弁別する生理的なメカニズムについて触れておこう。この問題は長い間，生理的な機構は不明であった。なぜなら，いくつかの研究によって，聴覚における神経繊維の多くは，およそ 60 dB までに，そのほとんどが興奮しきって飽和してしまい，それ以上のレベルの音に対する弁別の仕組みについて，神経興奮のレベルによる説明は不可能だったからである。

では，実際のところはどうなっているのであろうか。特定の周波数の音に対する神経興奮は，単一箇所ではなく，図 4-7 のように蝸牛上で広がりを持っている。このとき，その音の周波数に対して特徴的に反応する神経繊維だけでなく，その周辺の周波数に対して特徴的に反応する神経繊維も興奮していることに注意しよう。つまり，中央で反応する神経繊維の興奮は変化がなくても，興奮する領域の両端の部分で，音の強さに応じて興奮する周波数域が広がれば，その両端の発火の変化によって音の強さの違いがわかるということである。詳しい議論は省略するが，このことはホワイトノイズの強さの弁別においても例外ではない。また，図で，高域側でより大きな活動の変化が生じるということも，注目に値する。このようなメカニズムについて検討しておくことは，このあと音の高さやマスキングのメカニズムを考えるときに影響を与える重要な問題である。

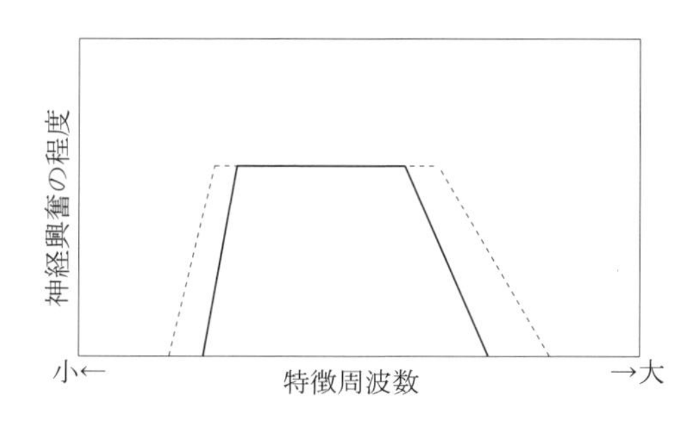

図4-7 レベルの高い音に対する神経興奮パターン。中央の神経発火が飽和する程度の音に対して，音が強くなると，端の部分が広がって強さの違いを検知することができると考えられる（破線）。

発展 短音の長さと大きさ

音の長さがその音の大きさに影響を及ぼすことはあるだろうか。通常の長い音では，ほとんど関係ないが，ごく短い音になってくると，音の長さが短いほど，その音が小さく聴こえるという現象が生じる。これは，音の大きさというのは，ただ単にその音の強さを直接感じているのではなく，ある程度時間的に音のエネルギーを蓄積した上で大きさとして知覚しているということを意味する。では，どのくらいの時間のエネルギーを蓄積しているのであろうか。音の長さを短くするに従って小さく感じはじめるのは，概ね500ミリ秒以下といわれている。図4-8に，それに関する音の長さと検知能力の関係をグラフで示した。この中で，横軸は短い音の持続時間であるが，同じ強さの音の長さを変化させたのではなく，強さに時間を乗じたその音全体のエネルギーを同じにするという条件で長さを変化させている。つまり，長さを1/2にしたら，強さは2倍にするという条件である。この中で，およそ20〜200ミリ秒の間で検知能力が一定値となって，グラフが水平になっている。この区間では，音の長さに関係なく，その音の全体のエネルギーが同じなら大きさは同じということである。すなわち，この程度の持続時間なら，聴覚は音のエネルギーを蓄積して，その全体のエネルギー量で大きさを感じるということである。

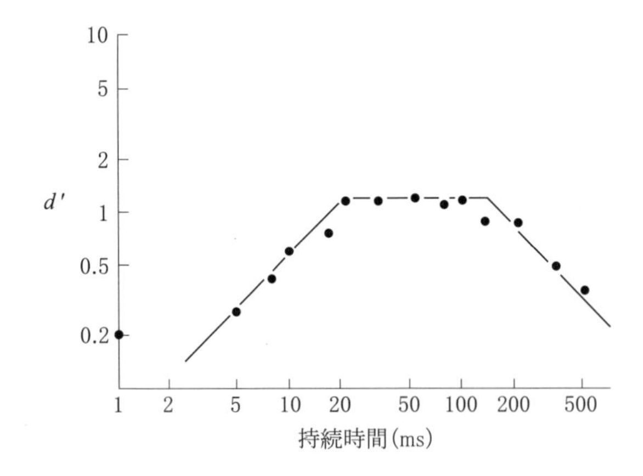

図4-8 1kHzの短音に対する検知能力と持続時間。横軸は，音の積算エネルギーを変えないようにして，持続時間を変化させている。水平部分では，音の長さに関係なく，エネルギーが等しければ検知能力は一定である。(出典：B.C.J.ムーア著/大串健吾監訳『聴覚心理学概論』誠信書房，1994)

2 音の高さの知覚

(1) 音の高さとオクターブ感覚，mel 尺度

前に説明したように，周波数の比率が 2 倍になっているような 2 音の関係を 1 オクターブ（octave）という。1 オクターブ音の高さが上がったり下がったりすると，元の音に戻るように感じる。これをオクターブ感覚という。オクターブ感覚を利用すると，上がっていくのにいつまでも上がらない音や，下がっていくのに下がらない音，あるいは上がっていくのに下がっていく音？までも作ることができる。サンプル音 50～51 にその例を収録してあるので，その不思議な感覚を体験してみよう。

このオクターブ感覚が存在するために，ともすると 1 オクターブで音の高さが 2 倍になると解釈してしまうことがあるが，実際に詳細な実験をしてみると，音の高さの 2 倍と 1 オクターブは一致していない。そこで，音の高さの感覚を調べた結果，高さを感じる尺度として mel 尺度と呼ばれるものが存在する。基準値を

1000 Hz，40 dB SPL（40 phon）のとき　→　1000 mel
1000 mel の 2 倍の高さのとき　→　2000 mel
⋮

と定めて，他の周波数の音の高さを実験的に定めたものである。その値を図 4-9 に示す。グラフ中の値をいちいち覚える必要はないと思うが（国家試験に出題されたことはある），定性的なことはきちんと理解しておいたほうがいいであろう。まず，mel 尺度での 2 倍の高さとオクターブの関係である。縦軸で，1000 mel と 2000 mel のときの周波数を見てみよう。1000 mel の周波数は定義により 1000 Hz であるが，2000 mel のときの周波数はおよそ 3000 Hz であるのが読み取れるであろう。すなわち，音の高さの 2 倍は 1 オクターブよりもかなり大きな周波数の差があるのである。

ここで，なぜこのような傾向を示すのかということについて，蝸牛上の特徴周波数と位置の関係を調べた研究の結果を，mel 尺度と比較してみよう。それ

が図 4-10 であるが，一見してわかるように，実線で示される音の高さの感覚と，丸や四角で示される蝸牛上の位置は，よく一致している。つまり，この結果から，聴覚における音の高さの感覚は，どうやら蝸牛上の位置関係を反映しているのではないかと推測されるのである。

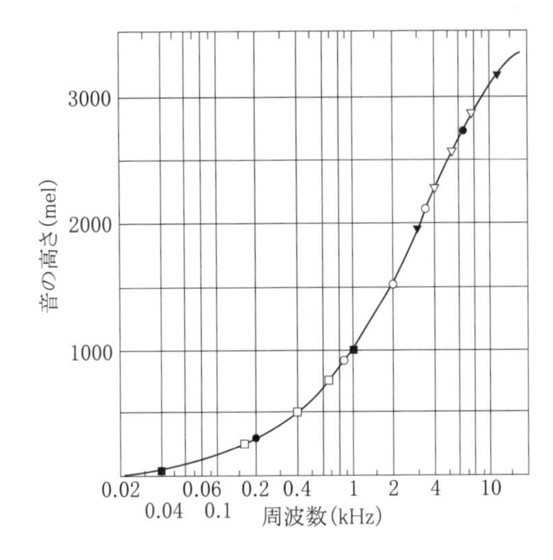

図4-9 mel 尺度と周波数の関係。(出典：境久雄編著『聴覚と音響心理』コロナ社, 1978)

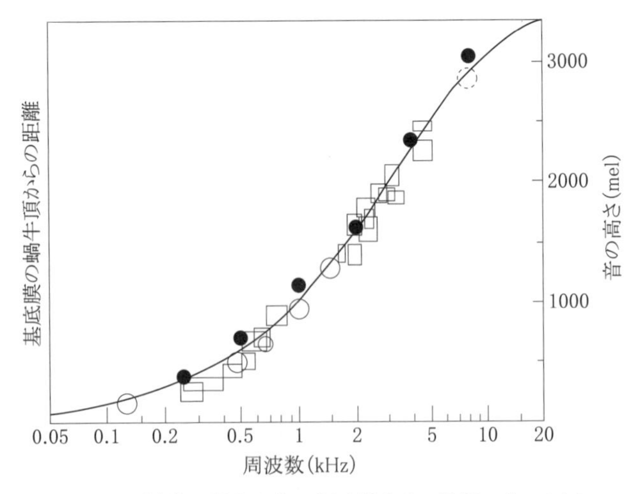

図4-10 周波数に対する音の高さと蝸牛上の位置。プロットされているのは，周波数と基底膜の共振の位置である。実線は mel 尺度を示す。(出典：境久雄編著『聴覚と音響心理』コロナ社, 1978)

豆知識 オクターブ感覚は 1 オクターブと一致しない？

オクターブ感覚は，1 オクターブという周波数が 2 倍の関係について感じるものであるが，厳密にはこの両者は一致していない。とくに高音や低音において，1 オクターブの感覚は厳密な 1 オクターブよりも多少広くなっている。実際，ピアノの調律などの際にも，高音や低音では，1 オクターブを物理的に正しい 1 オクターブよりも広く調整することによって，よりぴったりのオクターブ感を得られるのである。その例を図 4-11 に示す。図中，縦軸の 0 の高さが物理的に正しい周波数であるが，高音ではそれよりも高く，低音ではより低くなっているのがわかるであろう。図の実線は，多くのピアノの調律を調査したレイルスバックが独自に得た調律の傾向である。このほうが厳密に正しい調律よりも音楽家に好まれるのである。

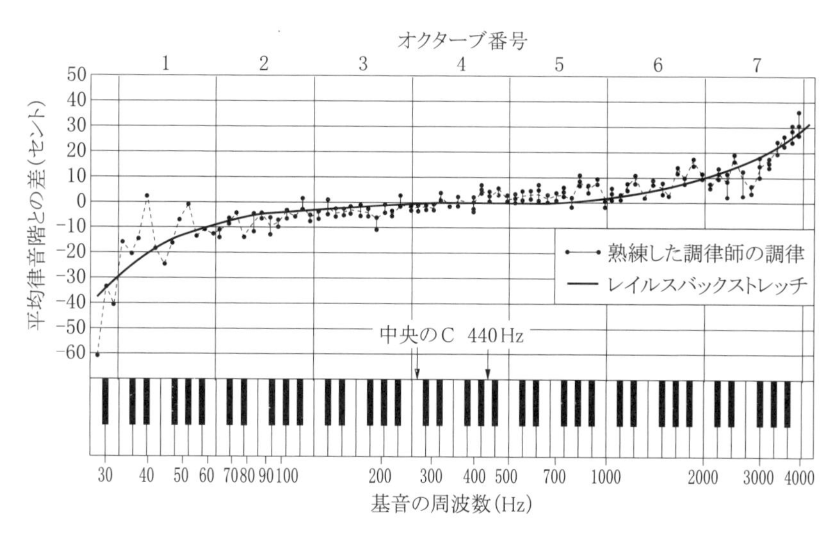

図4-11 ピアノの調律における傾向。プラスの数字は平均律の正確な高さより高いことを，マイナスの数字は低いことを示す。（出典：境久雄編著『聴覚と音響心理』コロナ社，1978）

(2) 短音の高さの知覚

第 3 章で述べたように，ごく短い音はしだいに音の高さが明確でなくなる。このことをもう少し詳しく調べたのが図 4-12 である。

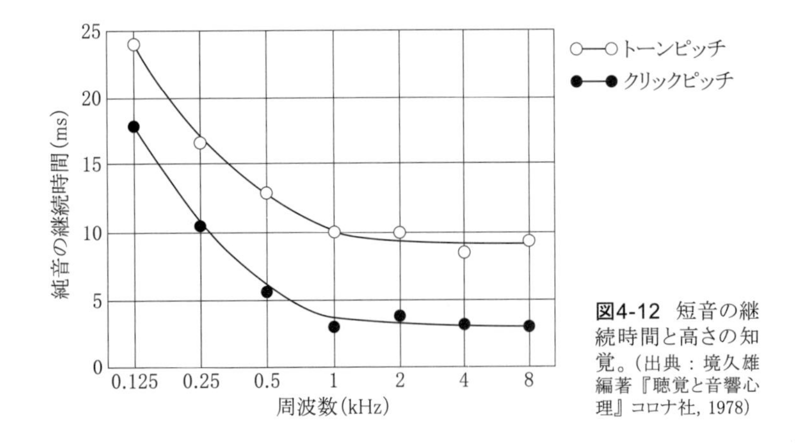

図4-12 短音の継続時間と高さの知覚。(出典：境久雄編著『聴覚と音響心理』コロナ社, 1978)

図中，トーンピッチというのは，純音らしい高さを感じることである。また，音をしだいに短くしていくと，純音らしい音の高さは感じられないが，音の高低は感じるような段階が存在する。これをクリックピッチと呼ぶ。このクリックピッチの限界を超えて短くなると，その音は完全なクリック音となり，もはや音の高さの感覚は存在しなくなる。図式的に書けば

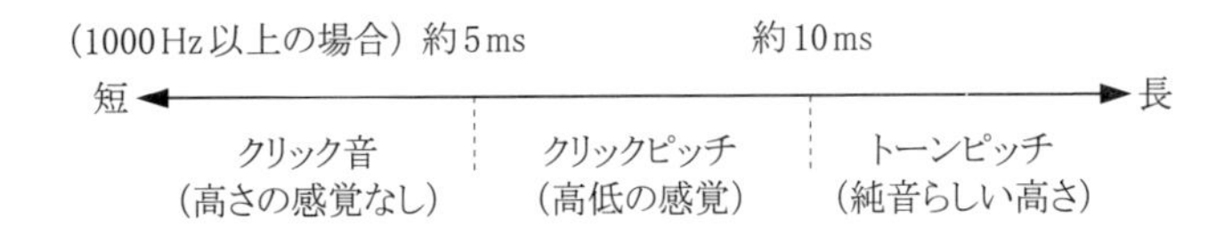

となる。この高さの知覚できる境界となる時間はおよそ 1000 Hz 以上で，ほぼ一定であるが，低周波域では周波数が小さいほど長い時間を必要とする。サンプル音 52～54 に持続時間や周波数を変えた短音を収録してあるので，聴き比べてみよう。サンプル音 52 では持続時間 15 ms のトーンバースト，またサンプル音 53 では持続時間 6 ms，サンプル音 54 では持続時間 2 ms のトーンバーストを，それぞれ 500 Hz から順次高い周波数で再生している。

(3) 場所ピッチ

では，音の高さの弁別はどのような仕組みで行われるのであろうか。蝸牛の基底膜上では，場所ごとに周波数の異なる共振特性を持っている。すなわち，入口側の前庭窓の付近の有毛細胞は高い周波数の音に反応し，蝸牛の奥へ行くに従って反応する周波数域は低くなっている。したがって，蝸牛上で，神経繊維の興奮する場所の違いによって音の高さを弁別しているということが，当然考えられる。蝸牛上では，音を周波数成分に分けるという一種のスペクトル分解を行っているので，スペクトル（周波数）領域上での高さの弁別といういいかたもされる。

実際には，蝸牛上での神経の反応は広がりを持ってなされるので，その様子を示すと，図 4-13 のようになる。実線のように興奮する場合と破線のように興奮する場合では，端の部分の興奮状態が異なるため，高さの違いを知覚すると考えられる。このようなメカニズムで感じる音の高さを**場所ピッチ**（place pitch）という。

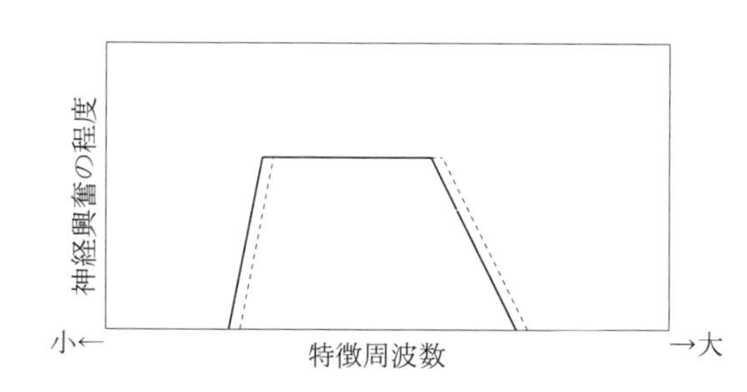

図4-13　場所ピッチによる高さの弁別。音の高さがわずかに上がった場合，それに対する神経興奮は実線から破線のように変わると考えられる。低周波側のほうが神経興奮度の変化が大きいことに注意。

(4) 時間ピッチ

人間の聴覚における高さの弁別能を測定してみると，図 4-14 のようになる。これによると，高さの違いのわかる検知閾は，周波数が大きくなるほど上昇する。座標軸は，縦軸は対数をとっており，横軸は平方根をとっているので，単純な比例関係ではない。図からわかるように，1000 Hz に対して，検知閾は約

2 Hz である。これは割合にして 0.2 % であり，音の強さの検知閾が約 25 % であったことを考えると，きわめて敏感である。しかも，図 4-7 と図 4-13 を比較してみると，本質的に原理は同じであり，その結果がこのような大きな検知閾の割合の違いとなるのは不可解である。

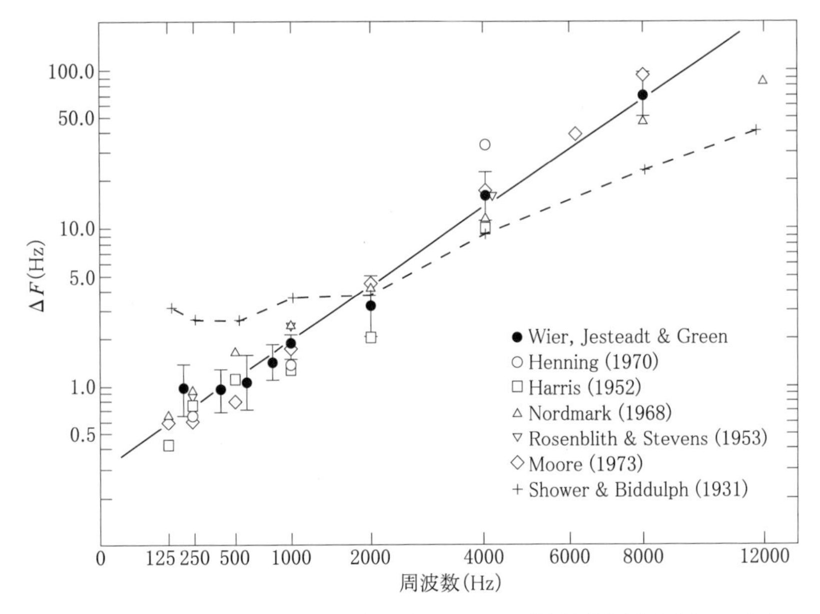

図4-14 周波数と高さの差の検知閾。いくつかの研究結果をまとめたものである。
（出典：B.C.J. ムーア著/大串健吾監訳『聴覚心理学概論』誠信書房，1994）

どうやら，場所ピッチの与える音の高さの弁別能は，音の強さの場合との関係を考慮すれば，かなり大雑把なものである可能性が高いと推測される。したがって，音の高さの弁別におけるこのような敏感性を説明するためには，場所ピッチとは異なる，高さを弁別する他の仕組みを考えたほうが適当であろう。そこで，従来からある「頻度説」と呼ばれる，聴覚が音波形のピークを数えているという考えかたを進めた**時間ピッチ**（**temporal pitch**）が注目されることになる。

時間ピッチとは，聴神経が音圧波形に反応して，その電気信号が直接中枢に送られて，1 秒間に信号が送られる回数によって周波数を知覚するというものである。すなわち，図 4-15 のように，音波形のピーク時に対応して聴覚神経が発火し，中枢でその発火頻度を知覚することによって，音の高さを感じるのである。ここでは神経発火が音波形に同期しているので，この現象を**位相固定**（phase locking）という。

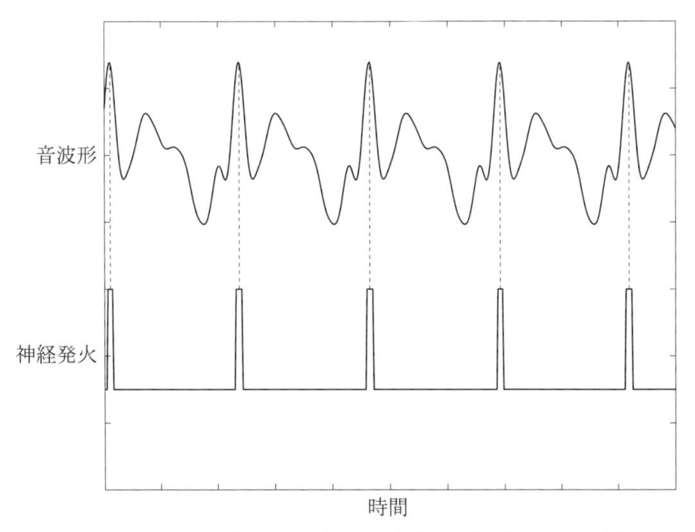

図4-15　神経発火の波形への同期。音波形のピーク位置で発火すると考えられている。

時間ピッチが成り立つためには，位相固定ができなければならない。一方，神経発火が外的刺激に追随できるのは，およそ 1000 Hz までということがわかっている。したがって，時間ピッチによる音の高さの知覚も 1000 Hz 程度までであると以前は考えられていた。しかし，その後の研究によって，位相固定は 1000 Hz 程度まではなく，4000～5000 Hz 程度まで可能であることがわかってきた。この違いの意味するところは大きい。なぜなら，人が会話音声で使っている周波数域はおよそ 4000 Hz までであり，また音楽で使われる音の高さ（基本音の周波数域）もおよそ 4000 Hz までであるので，もし位相固定が 4000～5000 Hz まで可能であれば，時間ピッチは言語や音楽で使用する周波数域をほぼカバーすることになる。すなわち，以前は時間ピッチの役割は 1000 Hz 以下と考えられていたものが，音楽や言語においてもっと広く主要な役割を担っているということになるのである。

ところで，以上のことが事実とすれば，神経発火の追随の限度による制約はどうなるのであろうか。この矛盾を解決するために，斉射説というものが唱えられている。それによれば，複数の神経細胞の発火は，図 4-16 のように，1 つ 1 つは完全に波形に追随できなくとも，相互にずれて発火するために，中枢へはすべての波形ピークの情報が伝えられるというものである。そして，このずれによる協調は発火の異なる 4～5 種類までの神経の間で可能なため，位相固定も 4～5 kHz まで可能となるのである。

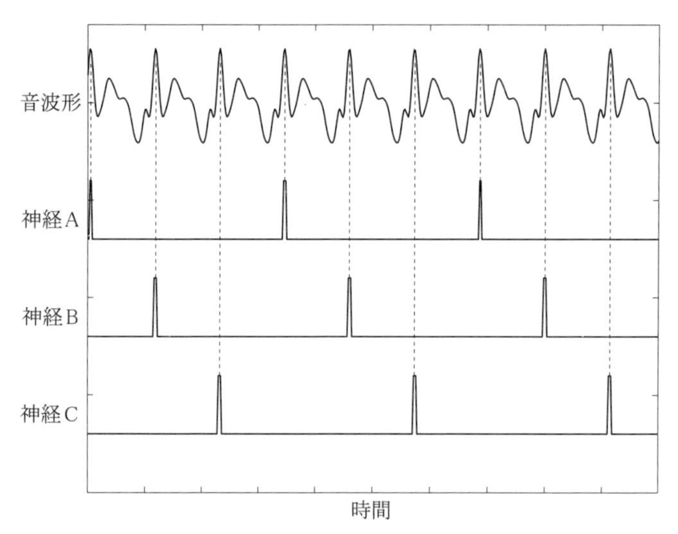

図4-16　斉射説による発火モデル。1 つ 1 つの神経は音波形に追随できないが，異なる神経が異なるタイミングで発火することにより，全体として音の周波数情報を得ることができる。

発展 斉射説の限界

本書のレベルを若干逸脱するが，ここで，現在は一般的となっている斉射説の問題点について指摘しておこう。

斉射説によれば，最終的には，正しい周波数およびそのタイミング（位相）の情報が中枢に伝えられるはずである。それにもかかわらず，あとに述べる両耳ビートや，位相差による方向知覚，また時間ピッチの機能を調べた結果などから，位相固定はできるものの，完全な周波数の情報が中枢へ入っていないのではないかと思われるケースが報告されている。

これらの現象は，斉射説を前提に考えれば，位相固定の可能な 4000～5000 Hz までの音に対して生じてもよさそうであるが，実際には 1000～1500 Hz 以上の音に対しては機能しない。この理由について他の観点から論じられているものもあるが，本書では必要に応じて，中枢への周波数情報伝達と位相固定は同等ではないとして扱うことにする。

(5) 時間ピッチと場所ピッチの役割

では，時間ピッチと場所ピッチはそれぞれ音の高さの知覚においてどのような役割を担っているのであろうか。近年の研究によると，場所ピッチは大雑把な高さの感覚を与え，時間ピッチはより詳細な高さの感覚を与えるのではないかといわれている。とくに楽音の場合にその傾向は顕著で，たとえば位相固定の行われない 5 kHz 以上では，メロディの感覚が生じないことなどから，時間ピッチによっていわゆるドかレかミかの感覚が与えられ，場所ピッチによってどの高さ（オクターブ）のドレミかの情報が与えられると考えられるのである。このように時間ピッチによって与えられると考えられる音の旋律性のことを音調性という。そういうわけで，位相固定の限界である 5 kHz 付近を境に，それよりも高周波では，急激に音の高さの感覚が鈍くなる。その様子を図 4-17 に示す。

一方，時間ピッチがたとえば音声言語においてどのような役割を担っているかは，それほど明らかではない。少なくともそれは話し言葉のイントネーションと深いかかわりを持っており，とくに話された言葉の背景にある感情的な要素についての情報を担っているのではないかと推測される。その微妙な変化についての要因の解明は今後の研究に期待される。

ここで，場所ピッチや時間ピッチを体感してもらうため，場所ピッチのみを含む音と時間ピッチのみを含む音をサンプル音に収録している。場所ピッチのみを含む音は，前出のバンドノイズである。周波数域は限られているが，ノイズ波形であるため，規則的な波形の繰り返しは存在しないので，時間ピッチを感じることはできない（サンプル音 30～36 参照）。反対に，時間ピッチのみを含む音を作るのは，少々工夫がいる。2 通りのサンプルを収録しているので聴き比べてみよう。サンプル音 55〜56 は，繰り返しリプル雑音という，ホワイトノイズを少しずつずらして重ねた音である。心理実験に使われることもある。ホワイトノイズが起源であるからスペクトルは平坦であるにもかかわらず，かなり明確に音の高さを感じる。少しずつずれた同じ波形の間で生じる規則的なピークの繰り返しに対して，位相固定が生じているものと考えられる。また，サンプル音 57〜58 にはホワイトノイズの断続による音が収録されている。この音も，規則的に音が ON，OFF になるため時間ピッチは含むが，断片はホワイトノイズなのでスペクトルは完全に平坦で場所ピッチを含まない。果たして，うまく音の高さを感じられるであろうか。

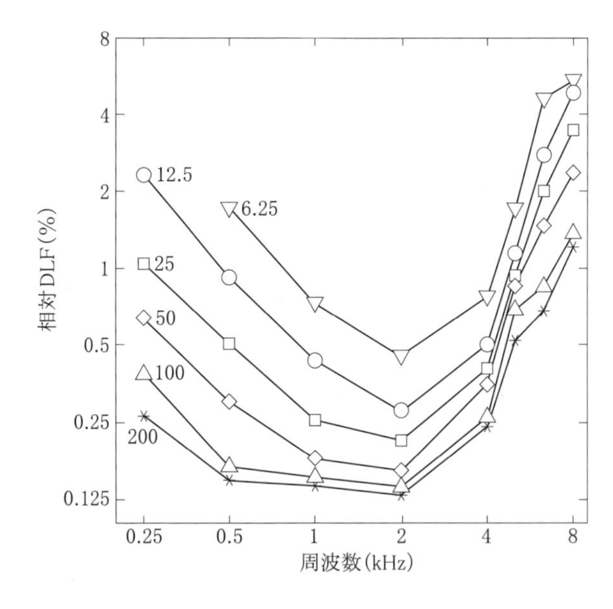

図4-17　音の高さの検知能と周波数。縦軸は高さの差の検知閾の相対値を示す。数字は音の継続時間（ミリ秒）。（出典：B.C.J. ムーア著/大串健吾監訳『聴覚心理学概論』誠信書房，1994）

(6) 複合音の高さの知覚

複合音といっても，ここでは周期的複合音を扱う。複合音には複数の周波数成分が含まれるが，それに対して必ずしも複数の高さを感じることはなく，むしろ単一の高さを感じることのほうが多い。その際に，通常の周期音であれば，その音の高さとして感じるのは基本振動（基本音）の周波数に対応した高さである。その理由は，波形が基本音の周期に応じて繰り返されるため，それに対する時間ピッチを感じているのではないかと推測される。

そこで，もし複合音から基本音の成分がなくなってしまったらどうであろうか。とても不思議なことであるが，その周波数成分は存在しないにもかかわらず，基本音の高さを感じることが少なくないのである。このように感じる高さのことを**バーチャルピッチ**（**仮想の高さ，virtual pitch**）という。この不思議な現象には多くの名称があり，ここに紹介しておくと，ローピッチ（低い高さ，low pitch），ミッシングファンダメンタル（失われた基本音，missing fundamental），レジデュー（残り物，residue）などの呼び名がある。サンプル音 59 にその例を収録してあるので，聴いてみよう。どんな高さに感じるだろうか。参考までに，サンプル音 60 に収録されている複合音と同じ高さに感じるのではないだろうか。前者は後者の複合音から基本音と 2 倍音をともに除いた音である。

また，2 つの純音が f_1，f_2 の周波数を持つとき

$$2f_1 - f_2$$

のような周波数を持つ音が聴こえることがある。このような音を**結合音**（**combination tone**）という。結合音は，聴覚の伝音系の非線形性のために，本来は存在しない f_1 の 2 倍の周波数の音が発生し，f_2 とのうなりによって生じると考えられる。

サンプル音 61～63 に特殊な場合のバーチャルピッチと結合音の例を収録してある。サンプル音 61 では，3 つの純音を重ねた結果，200 Hz のバーチャルピッチが聴こえるはずである。また，サンプル音 62 では，少しだけ周波数をずらした結果，約 204 Hz の音が聴こえるとされている。その詳細については，議論が込み入るので，本書では省略する。興味のある読者は，B.C.J. ムーア『聴覚心理学概論』（誠信書房）の p.181 以降をじっくりと読もう。さらに，サンプル音 63 は 200 Hz の結合音が発生する例である。簡単には聴こえないかもしれないが，聴こえると信じて？ じっくり聴いてみよう。

❸ マスキング

(1) マスキング量と周波数特性

たとえば，信号音などの音を聴くときに，ノイズなどの別の音が存在すると，信号音が聴こえにくくなり，信号音の聴覚閾値が上昇する。この現象を**マスキング**（masking）という。このとき，マスクするノイズなどのことを**マスカー**（masker）といい，マスクされる信号音などの音を**マスキー**（maskee）と呼ぶ。マスカーとマスキーはつねに固定されているわけでなく，そのときの聴者の聴きかたによって入れ替わる。たとえば，音楽を聴きながら自動車を運転しているときに，エンジン音などの環境音がマスカーになって音楽がマスキーとなることもあれば，まわりの状況を知りたいときなどは，環境音がマスキーとなって音楽がマスカーとなるのである。

マスキングが生じるとき，聴覚閾値の上昇量をマスキング量という。すなわち，マスキング量が大きいほど，閾値が上昇するので，マスキーは聴こえにくくなる。また，一般にマスキング量はマスキーの周波数（マスカーの周波数ではないので注意すること）によって異なることが多く，それをグラフに描いたものをマスキングオージオグラムと呼ぶ。その一例を図 4-18 に示すが，ここで，マスカーの存在しないときの聴覚閾値（破線）と，マスカーの存在するときの聴覚閾値（実線）の差が，マスキング量である。この図では，マスカーに中心周波数 1 kH，帯域幅 160 Hz のバンドノイズを 6 種類のレベルで用いている。とくに，縦軸に dB SL をとると，マスキングしないときの聴覚閾値は 0 dB SL となるので，実線のグラフの高さそのものがマスキング量になる。一般に，1 つのグラフで示されるマスキングは，マスカーが固定されていて，マスキーの周波数をいろいろ変化させたものである。図からわかるように，マスキーの周波数がマスカーの周波数に近づいたところでマスキング量はいちばん大きくなる。すなわち，マスキングという現象は，マスカーとマスキーの周波数域が近いところで生じていると考えられるのである。

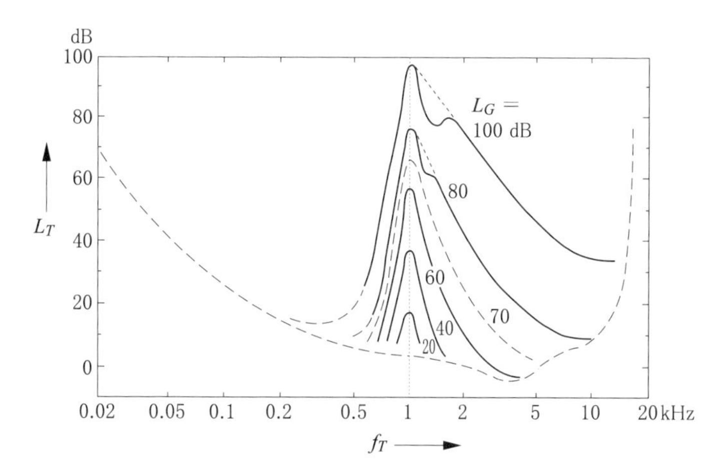

図4-18　マスキングオージオグラムの例。(出典：E.ツヴィッカー著/山田由紀子訳『心理音響学』西村書店, 1992)

(2) 3 種のマスカーによるマスキング

現実の音環境では，マスカーやマスキーにどんな音がくる可能性も存在する。しかし，ここでは，マスキーとしては信号音，とくに純音を考え，マスカーとしては純音，バンドノイズ，ホワイトノイズの 3 種類を考えることにする。

図 4-19 に純音とバンドノイズをマスカーとした場合のマスキングオージオグラムを示す。このグラフの縦軸は dB SL なので，グラフの高さがそのままマスキング量である。純音，バンドノイズの両方ともレベルは 80 dB SPL である。マスカーの純音は 400 Hz，バンドノイズは中心周波数 410 Hz，帯域幅 90 Hz である。前述のように，マスカーとマスキーの周波数域が近いところ，すなわち横軸に示されるマスキーの周波数が約 400 Hz 付近でマスキング量が最大，つまりグラフの高さが最大になる。この場合，400 Hz 付近のマスキング量は，図からバンドノイズでは約 60 dB，純音では約 40 dB になる。純音の場合，グラフの山型の概形は同じであるが，頂上付近で高さが伸びず，ちょうど 400 Hz のところでむしろ小さい谷が見られる。その理由は，周波数の近い純音どうしが重なると，うなりが生じるため，信号音の存在がわかりやすくなってしまうからである。すなわち，ほとんどマスカーの純音しか聴こえていない

にもかかわらず，その音がうなれば，マスキーの純音の存在が知覚できるのである。したがって，より大きなマスキング効果を得るためには，マスカーとして純音よりもバンドノイズを用いたほうがよいことがわかる。マスキング量の差 20 dB は，音の強さにして 100 倍からの大きな違いがある。

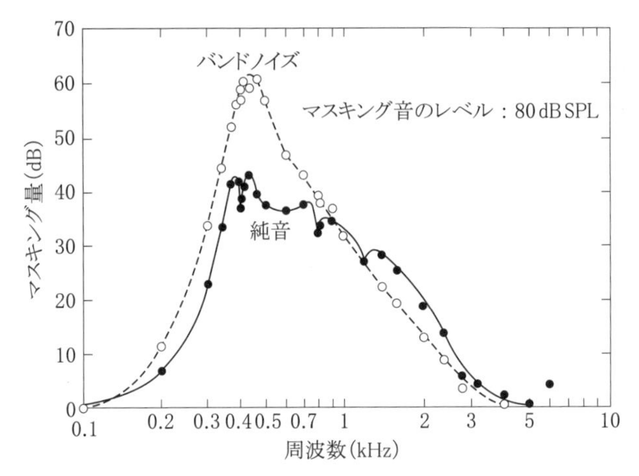

図4-19 純音とバンドノイズによるマスキング。(出典：境久雄編著『聴覚と音響心理』コロナ社，1978)

では，マスカーとして，バンドノイズよりも広い帯域を持っているホワイトノイズを用いたらどうであろうか。詳細な説明は省くが，同じ条件の 80 dB でマスキング量を求めると，約 40 dB となり，純音と同程度であることがわかる。この説明に関心のある読者は，境久雄編著『聴覚と音響心理』コロナ社 (1978) の p.111–113 などを参照のこと。ホワイトノイズのマスキング量が小さくなるわけは，マスキーの周波数域と離れた周波数域の成分が，マスキングには寄与していないということによる。つまりマスキング効果を高めることにとって，むだな部分を多く含むためと考えられるのである。

また，図 4-18 や図 4-19 からわかるように，グラフの山型は必ずしも左右対称ではない。いずれの場合もマスキーがマスカーの高周波側にずれたほうが，低周波側よりもマスキング量が大きくなる傾向がある。この事実は，蝸牛での神経の応答が高周波側により広く生じるためで，その様子を模式的に図 4-20

に示す。図中，中央の破線 A をマスカーによる神経の興奮レベルとすると，B の場合のように低域側にずれた音は，アミかけの部分が新たに興奮するので知覚されるが，C のように高域側にずれた音はマスカーの興奮域の中に埋まってしまい，その存在は知覚されない。つまり，高域側のほうがマスキング量が大きいのである。

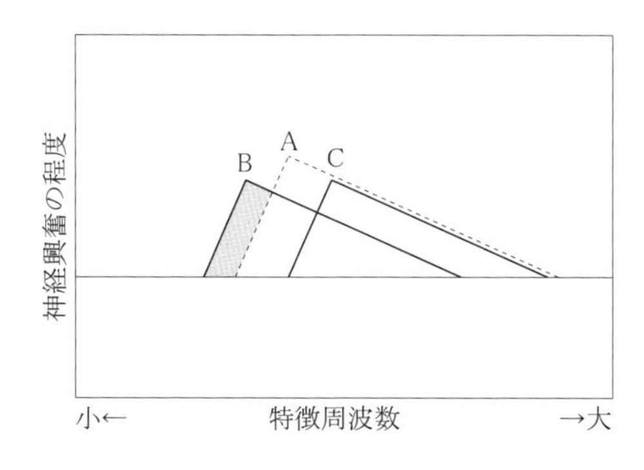

図4-20 マスキングの聴覚機構による説明。A がマスカーによる神経興奮であるとき，低周波側の B は検知できるが，高周波側の C は検知できない。

サンプル音 64～65 にマスカーをバンドノイズとした場合と，ホワイトノイズとした場合のマスキングを収録してあるので比較してみよう。サンプル音では，マスカーのノイズに重ねて，純音を弱い音からしだいに強い音へ，階段状に再生している。純音の階段がいくつ数えられるか，カウントしてみよう。

また，サンプル音 66～67 には，バンドノイズのマスカーに対して純音の周波数を高域側と低域側にずらした場合のマスキングを収録してある。同じように純音の階段をカウントして比べてみよう。

(3) 臨界帯域

何度も述べているように，マスキングにおいてマスカーとマスキーの周波数域が同じところでマスキング量は最大になる。ここで，マスカーとしてバンドノイズを選んだとき，その帯域幅はマスキング量にどのように影響するであろうか。

帯域幅がごく狭いうちは，その幅が広がるに従って，マスキング量は大きくなっていく。ところが，ある幅に到達すると，その幅を境に，それ以上帯域幅を広くしてもマスキング量は変わらなくなるのである。この，マスキング量がそれ以上大きくならなくなる境目の帯域幅のことを臨界帯域と呼ぶ。

臨界帯域（幅）は中心周波数によって異なり，その様子を図 4-21 に示す。図からわかるように，中心周波数がおおよそ 500 Hz までは，臨界帯域幅は約 100 Hz と一定値であるが，それよりも高域では，周波数の増加分のおよそ 20 % ずつ臨界帯域幅も増えていく。聴力検査のときなどに用いるマスカーとしてのバンドノイズは，この臨界帯域よりも帯域幅を広げても意味はないので，およそこの幅のノイズが用いられることが多い。1/3 オクターブバンドノイズは低域側周波数のおよそ 26 % の帯域幅となるので，臨界帯域と近く，よく用いられるものである。

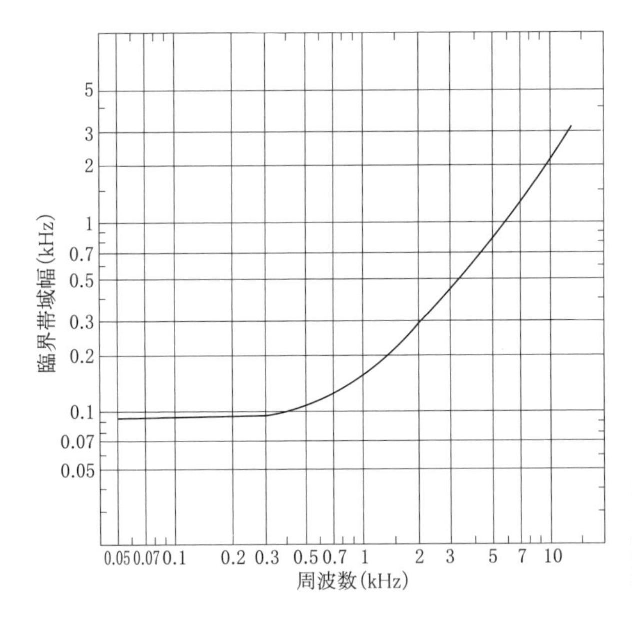

図4-21 臨界帯域幅と周波数の関係。(出典：境久雄編著『聴覚と音響心理』コロナ社, 1978)

(4) 非同時マスキング

いままで説明してきたマスキングという現象は，マスカーとマスキーが同時に鳴っているというのが前提であった。ここでは話を進めて，マスカーとマスキーが時間的にずれていても，そのずれが小さければ，マスキングが生じるということについて，触れておこう。このように，マスカーとマスキーが異なるタイミングで鳴るときに生じるマスキングを**非同時マスキング**（temporal masking，あるいは**継時マスキング**）という。

非同時マスキングの様子を図式的に示すと，図 4-22 のようになるが，このうち上段に示した，マスカーのノイズの直後にマスキーの信号音が続くものを順向性マスキング（前向性マスキング，forward masking），逆に下段のようにノイズの直前に信号音が鳴るものを逆向性マスキング（後向性マスキング，backward masking）という。

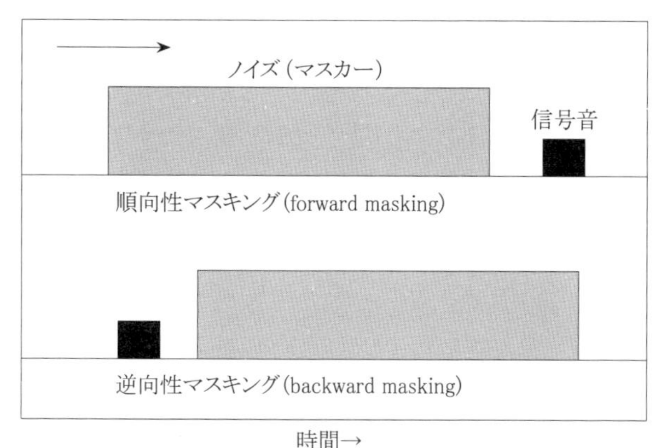

図4-22　非同時（継時）マスキング。ノイズが先に聴こえるのが順向性マスキングである。

順向性マスキングは，レベルの大きなノイズの直後は，神経興奮が収まるのに時間がかかり，興奮が収まるまでの間に信号音が鳴っても知覚されないと説明される。また，逆向性マスキングは，ノイズよりも前の信号音が聴こえないという不思議な現象であるが，強い刺激ほど神経を伝わる信号が速くなるという傾向があり，信号音に続くノイズの神経興奮が信号音の興奮が伝わるのを追い越すという説明もなされる。しかし，逆向性マスキングは実験によって結果にばらつきがあり，一貫した傾向は必ずしも見いだされていない。むしろ，心理的な要因が大きく影響しているのではないかと考えられる。サンプル音 68～71 に非同時マスキングの例を収録しているので，聴いてみてほしい。ノイズと信号音をある程度離して，別々に聴こえるものと，直前・直後に信号音のある場合の 4 通りである。

4 両耳聴

(1) 両耳の加算，融合

人の耳は左右 2 つあり，健聴者はその両方の聴覚情報を用いて音を聴いている。このように左右 2 つの耳で聴くことを**両耳聴**（binaural hearing）という。ほぼ同じ意味で，ステレオ聴という言葉もある。本節では，この両耳聴に特有の現象を扱う。

まず，聴覚閾値は片耳聴と両耳聴で異なるであろうか。閾値というものをそれ以下の音はまったく聴こえないと考えると，片方の耳にまったく聴こえない音を両耳で聴いても，やはり聴こえないと考えるのが自然である。ところが，実際に測定してみると

両耳聴では，片耳聴に比べて聴覚閾値は約 3 dB 下がる

ということがわかっている。このことは何を意味するのであろうか。たとえ聴覚閾値に及ばないような弱い音であっても，何らかの形で聴覚系に伝えられており（閾下知覚），しかも両耳からの知覚が中枢で加算された結果，両耳では知覚されるようになったのである。これを両耳加算効果という。

また，両耳聴では，実際には左右の耳から音が聴こえているにもかかわらず，音の聴こえる条件によって，左右以外の方向に音源を感じる。これを両耳融合という。この融合が適切に行われることによって，その音がどこから聴こえてくるのかを知ることができるのである。ヘッドフォンやステレオスピーカーからの音を基に第 3 の方向に音源を感じるとき，その場所に音像が定位するという。とくに，その場所に音源がないとき，虚音像といういいかたもある。左右の耳からまったく同じ音が聴こえるとき，ヘッドフォンであれば，その音像は頭内の中央に定位する。スピーカーなら中央前方に定位することが多いが，視

覚環境などの条件によって，後方に定位することもある。

豆知識 サラウンドステレオの舞台裏

近年，ホームシアターなどの普及に伴って，スピーカーを後方にも配置する5.1 チャンネルのサラウンドステレオが注目されている。実際には，前に 3 つ，後ろに 2 つの他，低音専用のサブウーファーと呼ばれるスピーカーを使うため，合計 6 つのスピーカーになるが，最後のサブウーファーは 0.1 個と数えられて，5.1 となる。

ところで，こうしたサラウンドシステムの意味はどれほどのものであろうか。実をいうと，人間の耳はもともと 2 つしかないため，「完全な」録音を行えば，ヘッドフォンによる両耳聴で十分である。ではなぜ，ことさらにサラウンドシステムが必要になるのであろうか。その理由は主に 2 つある。

まず，実際に聴く環境はヘッドフォンではなくスピーカーを使用するため，条件が異なるということ。つまり完璧な両耳聴のための音をスピーカー 2 つで与えることができないので，補助的な音源を配置して，それらを音響計算した上で，聴取者が実際の映画館やコンサートホールと同じ音響を得るようにしているのである。

もう 1 つは，上の理由とも関連があるのだが，実際の音楽などは「完璧な」ステレオ録音ではない。「完璧な」録音とは，ホールの現場に両耳聴と同じ条件で

マイクを2本だけ設置して得られるものである。ところが，これを物理的に忠実に行うと，実際のホールの音は思ったほどクリアで明確でないため，録音時にこの方式をとることは少なく，それぞれの楽器音を明確に録るため，多数のマイクを用いたマルチチャンネル方式を採用することがほとんどである。これによって制作されるステレオ音は実際の音響とは大きく異なるため，単に2つのスピーカーで再生しても，十分な音場は再現されないのである。そのため，複雑な音響計算を施して，5.1チャンネルのサラウンドステレオで聴いたとき最も音響条件が良くなるように，専用の録音を行ったりしているのである。

本項の最後に，**両耳ビート（binaural beat）**について触れておこう。周波数がわずかに異なる（純）音を両耳に別々に与えるとどうなるであろう。これらの音が物理的に混合すれば，いわゆる「うなり」が生じるが，いま考えているケースでは，2つの音が物理的に混ざることはない。しかし，それにもかかわらず，頭内にはある種の「うなり」のような独特の聴感が生じる。音が頭の中で左右に動いたりすることが周期的に感じられる。これを両耳ビートと呼んでいるのである。ビートとは，うなりの英語であるから，「両耳うなり」といってもよさそうなものであるが，上述のように物理的なうなりとは異なるため，あえて「両耳ビート」と呼んでいるのであろう。

この両耳ビートは，およそ1000 Hz以上の周波数では知覚されなくなるという。それ以上の周波数では，音の位相情報が中枢へ伝えられなくなるからではないかと考えられる。サンプル音72に両耳ビートの例を収録してあるので，ぜひ体感してもらいたい。ヘッドフォンとスピーカーでの違いを聴き比べてみよう。これに限らず，**両耳聴にかかわる音のサンプルはすべてヘッドフォンを装着して聴かなければ正しい結果は得られない**ので注意が必要である。

(2) 方向知覚

両耳聴の最も顕著な特徴は，音像定位による方向知覚である。正面以外の方向から聴こえてくる音は，両耳への到達距離が異なるため，到達するタイミングと聴こえる音の強さに差が生じる。この時間差（位相差）と強度差が，2つの異なる方向知覚への手がかりを与えることになる。このとき，およそ

1500 Hz を境に，それよりも低周波音では時間差による手がかりが優勢に，高周波音では強度差による手がかりが優勢になることがわかっている。時間差がわかるためには，両耳から中枢へ，その音の位相情報が運ばれなくてはいけないので，このあたりの周波数より高い音では，時間ピッチによる位相情報は中枢に届かないと考えられる。また，左右耳のタイミングの差がその音の周期の 1/2 を超えると，どちらの耳が遅れているのか判別がつかなくなる。周波数が高いと，そのような要因も増してくる。詳しい説明は，B.C.J. ムーア『聴覚心理学概論』（誠信書房）の p.211–213 を参照してほしい。

一方，強度差による方向知覚は全周波数において有効であるが，実際の音環境の中では，音源から遠いほうの耳へ到達する音は，低音では回折によって反対耳へも回り込むため（頭の陰影効果），左右での強度差は小さいものとなる。このため，低周波音では，左右耳の音の強度差は方向知覚の手がかりとはならず，もっぱら時間差によって方向を知覚していると考えられる。高周波音ではそのような回折は起こらず，反対耳は頭の陰になるために音の強度も小さくなって，左右耳の強度差が方向知覚の手がかりとなる。

サンプル音 73 は，一定の位相差を持った音を左右の方向が交互になるようにしている。500 Hz と 2000 Hz でどのような差があるか確かめてみよう。一方，サンプル音 74 に，強度差が交互に変化する音を収録してある。ヘッドフォンでは，どの周波数でも変化がわかるであろう。

また，定常的な音でなく，瞬間的なクリック音の場合の方向知覚はどうであろうか。この場合の両耳の聴覚が知覚しうる時間差は相当に敏感である。実験の結果，このようなクリック音の方向知覚は，およそ 1° の違いまで弁別できたという報告がある。1° の違いを時間差に換算すると，約 9 マイクロ秒である。およそ 10 万分の 1 秒の違いが弁別できることになり，驚異的な時間分解能を人間が持っていることを示している。数マイクロ秒は通常のデジタル音としては収録することが不可能であるため，サンプル音 75 に 1 万分の 1 秒，すなわち 100 マイクロ秒ずつ左右のタイミングをずらしたクリック音を収録してある。これを聴いて，音が右から左へ動いていくのを感じることができれば，あなたも 1 万分の 1 秒の違いがわかったことになる。ぜひチャレンジしてみよう。

豆知識 カクテルパーティー効果

いろいろなパーティーに出席していると，グラスを片手に歓談することが少なくない。このようなときに，周囲の会話の音で相当ざわざわしていても，たいていの場合，話をしたい相手の声だけが聴こえて，他の会話は耳に入らなくなる。この現象のことをカクテルパーティー効果と呼んでいる。この効果は，片耳より両耳聴のときのほうが顕著に現れることがわかっており，両耳聴での方向知覚が大きく関係していると考えられる。つまり，自分の関心のある話の聴こえてくる方向からの音のみをよく聴こえるようにし，その他の方向からの音はシャットアウトしているのである。マスキングの一種とも考えられるが，心理的な要素を多分に含む高度な脳内処理の結果生じているものである。

ちなみに，実際のパーティーでカクテルを手にすることは少ない。多くの場合はビールかワイン，あるいはウーロン茶やジュースであることが多いのだが，そのような名前になっていないのはどうしてであろうか。

(3) MLD (masking level difference)

ここで両耳聴におけるマスキングを考えよう。問題となるのは，マスカーとマスキーの音像を，それぞれどの方向に感じるかということである。このとき

マスカーとマスキーが同方向：　マスキング量は大きい

マスカーとマスキーが異方向：　マスキング量は小さい

ということがいえる。なぜなら，マスカーとマスキーが同方向であれば，双方が重なることによってマスキング効果は増大するが，異なった方向に感じれば，音源が分離される分だけ信号音は聴き取りやすくなるのである。

もう 1 つ，左右の耳に聞こえる音波形が，プラスマイナスで反転していたらどうなるであろうか。このような場合を逆相と呼ぶ。前述のように，左右耳に同じ音が与えられれば（同相という），その音は頭内の中央に定位する。これに対して，左右の波形が反転していると，純音で考えるとわかるが（図 4-23），ちょうど 180°，すなわち 1/2 周期だけ位相がずれていることになるので，音源方向を位相差によって感じることが困難になる。その結果，左右の波形が反転していると，その音は頭内全体から聴こえるように感じるのである。

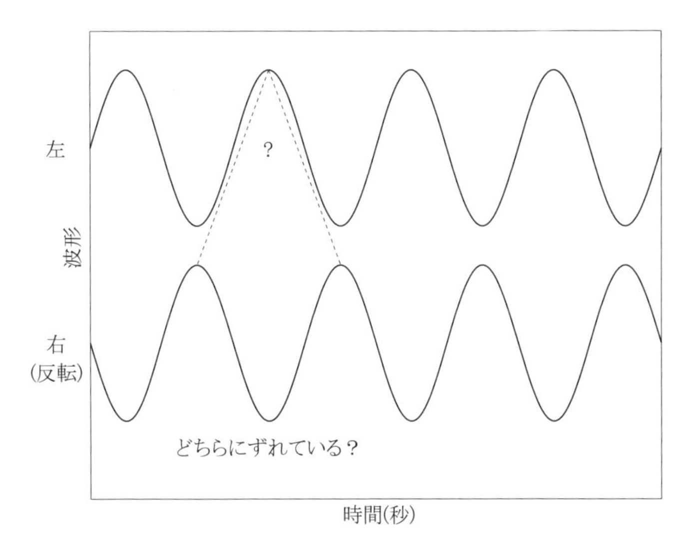

図4-23　波形の反転と位相差。左右耳の音を上下反転すると，ちょうど半波長分だけずれたのと同じことになり，どちらの音が遅れているのかわからない。

ここで，図 4-24 を見てほしい。図中 1 段目の a の場合，信号音（マスキー）もノイズ（マスカー）もまったく同じ波形，つまり同相であるために，両者とも頭内中央に音像が定位する。このため，マスカーとマスキーが同方向となって，マスキング量は大きくなり，信号音はより聴き取りにくくなる。そのため，図中の人物は「信号音が聴こえない！」と怒っているのである。

次に，2段目のbの場合を考えよう。ノイズはaと同じく同相であるが，信号音のほうは左右で反転している。すなわち逆相であるため，信号音は頭内全体に広がるであろう。その結果，マスカーとマスキーは方向が同じではないので，マスキング量は相対的に小さくなり，信号音はある程度聴きやすくなる。したがって，人物は「信号音が聴き取れる！」と，笑っているのである。

さらに，3段目のcはどうであろうか。この場合は，信号音，ノイズともこの人物の右耳にしか聴こえない。つまり，マスカーとマスキーが同方向となるので，マスキング量は相対的に大きくなり，人物は怒っている。

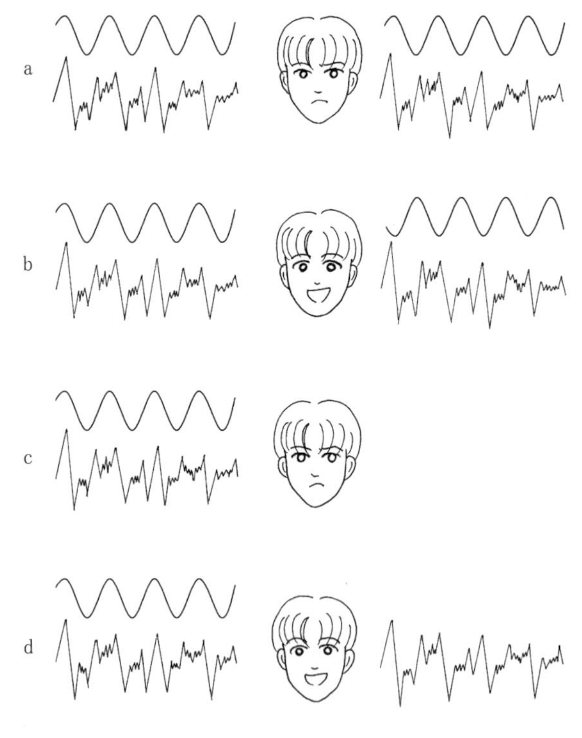

図4-24 両耳聴とマスキング（MLD）。ノイズと信号音の音源方向が異なるとマスキング量は相対的に小さくなる（笑顔）。（出典：B.C.J.ムーア著/大串健吾監訳『聴覚心理学概論』誠信書房, 1994. ただし，顔の表情に変更を加えた）

最後に，d の場合を見てみよう。このとき，ノイズは左右耳に同相で与えられているので，その音像は頭内中央である。一方，信号音は右耳のみであるので，音像の方向は右方向である。その結果，マスカーとマスキーの方向が異なるのでマスキング量は相対的に小さくなり，人物は笑っているのである。以上の音はサンプル音 76～79 に収録されている。信号音を段階的に強くしているので，いくつ聴こえるか数えてみよう。

(4) 先行音効果

複数のスピーカーなどの音源が存在するとき，音像はどの方向から聴こえるであろうか。このとき，音の聴こえてくるタイミングが音源の方向に影響する。そのような場合

先に音が聴こえてくる方向に音像を感じる

という現象が存在する。これを**先行音効果**（precedence effect）または**ハース効果**（Hass effect）という。たとえば図 4-25 で，スピーカーが A と B の位置にあれば，その音像は中央 C に定位する。ところが，ここで右のスピーカーを D の位置まで遠ざけたとしよう。すると，音像は 2 つのスピーカーの中間ではなく，音が先に到達する A のスピーカーのほうに感じるのである。これが先行音効果である。

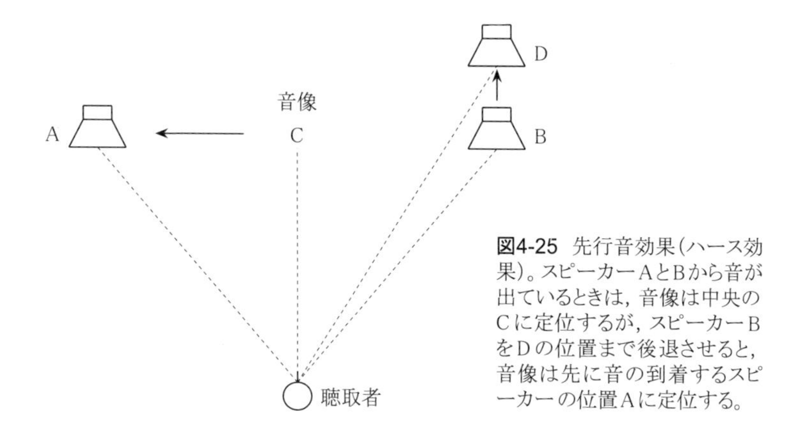

図4-25 先行音効果（ハース効果）。スピーカーAとBから音が出ているときは，音像は中央のCに定位するが，スピーカーBをDの位置まで後退させると，音像は先に音の到着するスピーカーの位置Aに定位する。

先行音効果を実感するのは，もしステレオのコンポを持っていれば容易である。手持ちの機器で，一般的な歌入りの音楽を聴いてみよう。まず，ステレオの 2 つのスピーカーの中央正面で，正面を向いて聴く。すると，ほとんどの音源では，歌声は中央に音像が定位するようになっているので，歌声は中央から聴こえてくるであろう。そこで，首をひねって，わずかに右を向いてみよう。すると，左のスピーカーからの距離が短くなって，先に左のスピーカーからの音が到着するため，先行音効果によって，歌声は左のスピーカーから聴こえるようになる。最初は中央から聴こえていたものが，急に声の方向が変化するので，それと気づくはずである。ぜひ実際に試してみよう。

次に，図 4-26 のような講演会場があったとしよう。その左側では普通にスピーカーが配置されているが，右側では遅延回路を挟んで，右側のスピーカーから出る音がわずかに遅れるようになっている。すると，左側の席にいる聴衆には左のスピーカーから音が聴こえてくるが，右側の席にいる聴衆には，右のスピーカーより，講演者から直接届く音（声）のほうが早く到達するため，大部分は拡声されたスピーカーの音が聴こえているにもかかわらず，講演者の方

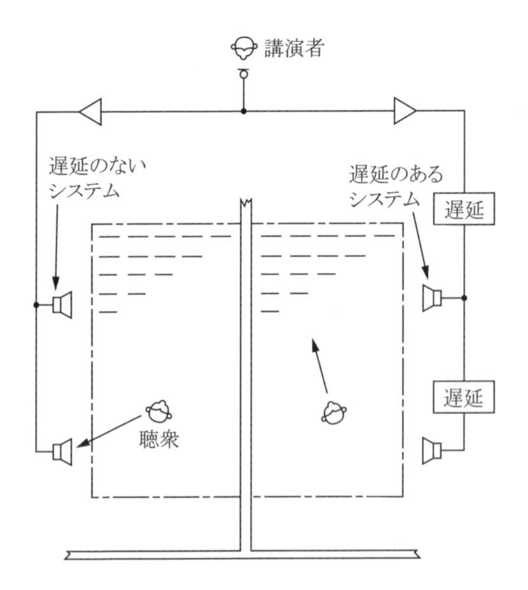

図4-26 先行音効果を利用した，講演者から聴こえる場内拡声システム（右側）。（出典：境久雄編著『聴覚と音響心理』コロナ社，1978）

向から音が聴こえてくるように感じるのである。実際この効果を応用したサラウンドシステムが映画館などでも使用されている。

豆知識 視覚障害者と先行音効果

視覚障害者は音によって環境の状態を把握するため，聴覚による方向知覚などが非常に発達している。通常の両耳聴による音像定位もそうであるが，歩行時などの障害物知覚にも聴覚の効果が応用されている。その一例として，自分の足音の知覚を考えてみよう。図 4-27 はそのような場合に，上段のように足元から聴こえる足音の直接音と，障害物（壁など）からの反射音が聴こえてくる方向を示す。下段のグラフでは，横軸は直接音と反射音の時間差を示し，縦軸は知覚される反射音の方向を示す。障害物が十分遠く，直接音と反射音の時間差が十分あれば，直接音と反射音は別々に知覚されるが，障害物が近づき時間差が小さくなってくると，先行音効果のために，反射音像は先に聴こえる直接音像に吸収されてしまうのである。つまり，主観的には，反射音の音像が急激に足元に吸収されることによって，障害物が近づいてきたことを感じる 1 つの手がかりになるのである。

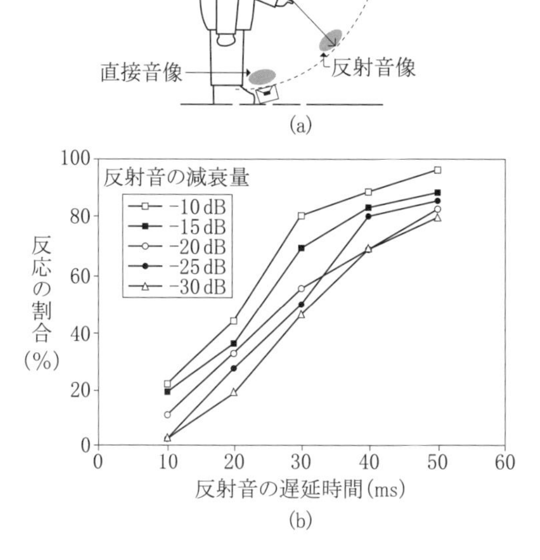

図4-27 反射音の知覚と先行音効果。(a)被験者が指示する反射音像の方向。(b)横軸は反射音と直接音の時間差，縦軸は知覚される反射音の方向。100%で反射音源からの知覚，0%で足元からの知覚を示す。
（出典：辻三郎編『感性の科学』サイエンス社，1997）

第5章 音響音声学

この最終章では，いよいよ読者にとって最も関心のある部分を扱うことになる。身近な会話音声を対象とするわけであるが，同時に，応用的レベルは高く，第4章とともに解明されていないことも多いフロンティアの分野でもある。専門分野では，数式の難解さを超えた奥の深い領域であるが，例によって，ほとんどの部分を直観的に理解できるように記述した。従来，音声学と音響学の狭間であまり詳説されなかった分野でもあり，必然的に記述のオリジナリティは高くなるが，著者としては，授業における試行錯誤を通じた，現段階で最もわかりやすいと思われる説明を行っている。ぜひ，本章のエッセンスを理解して，読者の専門領域に活かしてほしい。

1 母音の生成の仕組み

(1) 音源フィルタ理論とは

本章の初めに，まず母音というものがどのように生成されるのかということについて，その基本的な原理の理解を目指す。その際に用いられるのが**音源フィルタ理論**（source-filter theory）と呼ばれる考えかたである。なにやら難しそうな名称であるが，冷静に考えればおそれるほどのものではない。音源とは母音の音源のことであり，すなわち声帯の振動を指す。一方，フィルタはややわかりにくいかもしれないが，コーヒーのフィルタなどと同様，あるものは通してあるものは通さないという振り分けの機能を持つものである。音の場合では，ある周波数域は通す（よく響く＝共鳴する）が，別の周波数域は通さない（響かない＝共鳴しない）という働きをするものである。母音生成の場合に当てはめると，声道の共鳴がフィルタの役割を果たしている。すなわち，声道の共鳴は閉管の共鳴で近似でき，それによって生じる共鳴周波数帯（＝フォルマント）では音がよく響いて強調され，そうでない周波数帯の音は強調されない。この声帯の振動–声道の共鳴という 2 重構造によって母音が生成されると考えられるのである。

(2) 母音の音源（声帯の振動）

母音の音源は声帯の振動である。声帯は図 5-1 のような形の膜状のものであるが，振動する際には，膜の隙間が閉じたり開いたりを繰り返す。その都度，呼気圧に応じて声門と垂直方向に空気が押し出されるので，結果として声門と垂直方向に空気が振動することになる。一般的に膜の振動はより複雑な様相を示すことが多いが，声帯の場合は，振動の状況が 1 次元的であると考えられ，定性的には弦の振動で近似することができる。

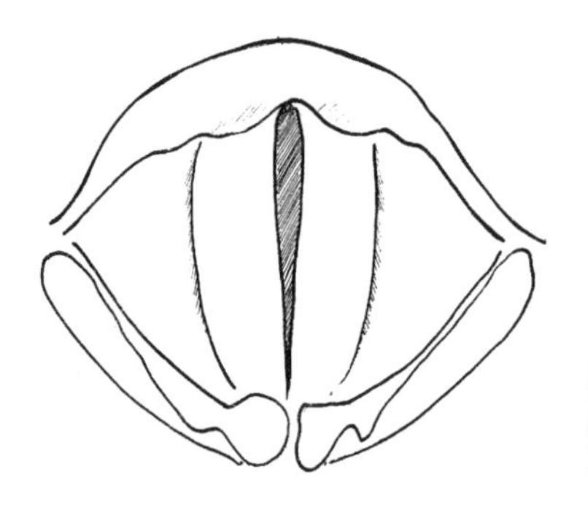

図5-1 声帯の模式図。発声時には，中央の縦の隙間が閉じた状態になる。

したがって，声帯の振動によって直接に生成される音も，通常の弦の振動と同様，基本音と整数倍音の成分を持つ周期音となり，そのスペクトルは図 5-2 のように，一般的な周期音による線スペクトルとなる。倍音の次数が高くなるほど，その成分は急速に弱くなっていく。言うまでもないが，線スペクトルの間隔は，左側の端の部分も含めてすべて等間隔である。この段階では，まだ母音や子音を獲得しておらず，およそ人の声とは思えないような音である。これを喉頭原音という。

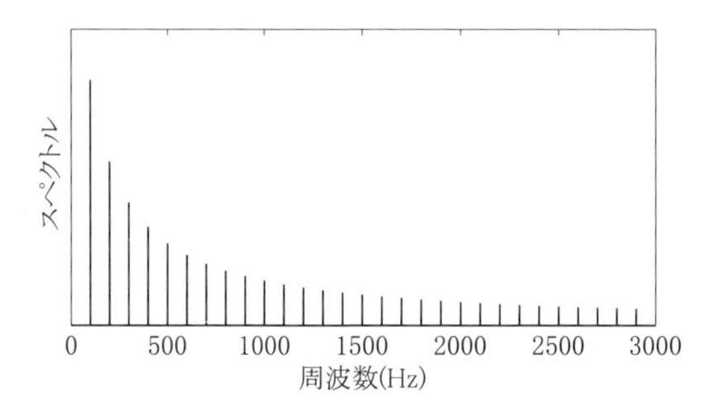

図5-2 声帯の振動による音のスペクトル。単純な周期的複合音である。

発展 喉頭原音の実相

喉頭原音とは音響的にどのような音だろう。声門が開くときに口唇に向けて音圧が発生し，閉じるときにその音圧が減少，閉鎖状態で音圧はなくなる。声門は相対的にゆっくりと開いて，閉じるときに一気に閉じるという傾向があり，その結果，図 5-3 のような波形になると考えられている。

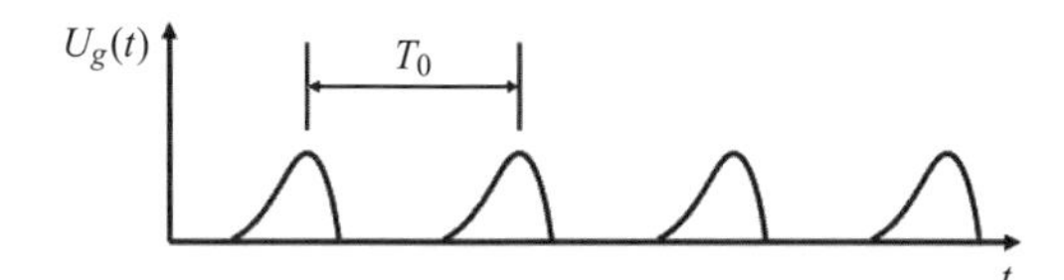

図5-3 喉頭原音波形の模式図（出典：荒井隆行「音響音声学デモンストレーション」 http://splab.net/APD/G100/index-j.html）

見てわかるように，波形は左右対称ではなく，上昇よりも一気に下降することで鋭い角度をなし，このことから音声に含まれる高い倍音成分が生まれると考えられる。また，このスペクトルは模式的に図 5-2 のようになる。この周波数成分は周波数が 2 倍になると音圧で 1/4 になる，つまり 1 オクターブ高くなると成分量が 12 dB 減少するという傾向を持つ。これを −12 dB/oct と表記する。

ところで，喉頭原音を聴いたことはあるだろうか。筆者自身も喉頭原音と聞いて思い浮かべるのは，人工喉頭の音や声道模型から発する音で，声帯そのものの音は聴いたことがない。声門付近にマイクを挿入すればと考える人もいるかもしれないが，そこはすでに声道の中であり，声道共鳴の影響を受ける。つまり，理論的には本物の喉頭原音を聴くことは不可能と考えられるのである。

しかし，筆者らは何とかしてこの音を聴いてみたいと思い，聴診器を外から喉頭付近に当てることで近似的に喉頭原音を聴くことはできないかと考え，測定してみた。その結果の波形の一部を図 5-4 に示す。

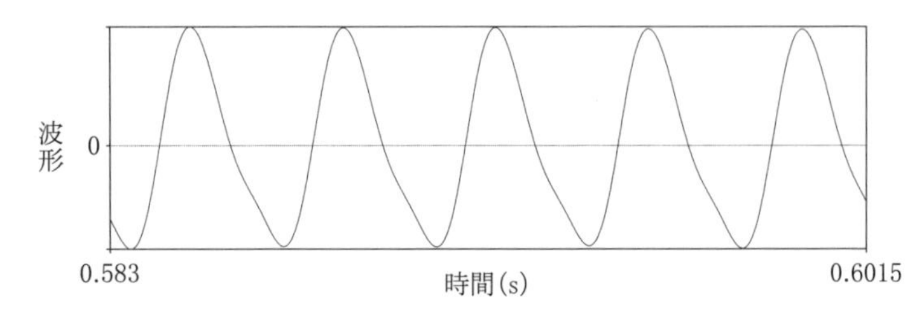

図5-4 喉頭原音波形。聴診器で録音したデータの一部。

また，「アイウエオ」と発話したときのスペクトログラムは図 5-5 のようである。

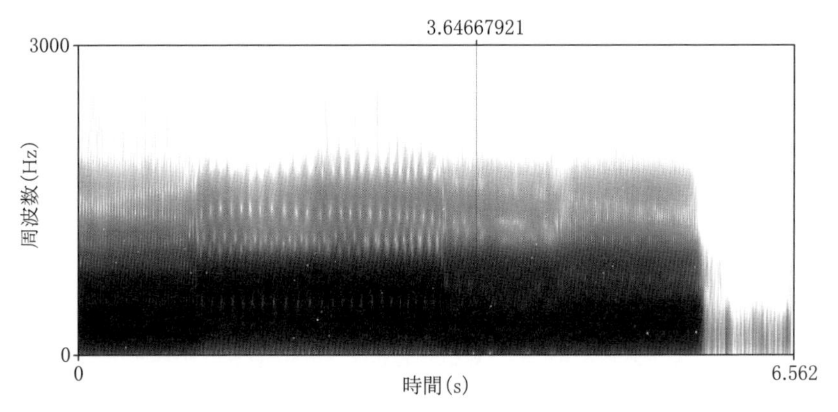

図5-5 「アイウエオ」の発話を聴診器で録音した音のスペクトログラム。

この音はサンプル音 80 に収録されているので聴いてみてほしい。スペクトログラムの詳細は後述するが，母音が変化しても各フォルマントの周波数はほとんど変化しておらず，この音は声道共鳴の影響をほとんど受けていないと考えられる。その意味で喉頭原音に近い音といえる。波形は模式図よりも純音に近いが，これは声門から聴診器までの間の体膜がフィルタとなって，高調波成分が減少したためと推測される。なお，詳細は割愛するが，波形は上下反転していると考えられる。

(3) 声道の共鳴（フィルタ）

声道は大雑把には閉管のモデルで近似される。したがって，閉管における定常波の共鳴と同様，基本振動による共鳴の上に，3 倍振動，5 倍振動，… に対応する共鳴周波数帯が存在する。しかし，第 1 章に述べたように，理想的な閉管と声道とは，その形状において相当の相違点がある。繰り返しになるが，声道が曲がっていることは音響的にはほとんど影響しない。その代わり，声道の太さが不規則に変形していることにより，共鳴する音は特定の周波数に収束せず，幅のある共鳴周波数帯となる。また，それぞれの中心的周波数どうしの関係も，閉管のように基本音と整数倍音にはならず，一般的には不規則な関係である。何度も書くが，このような共鳴周波数帯をフォルマントといい，閉管の基本振動に対応する共鳴周波数帯を第 1 フォルマントと呼ぶ。以下

基本振動 → 第 1 フォルマント，F_1
3 倍振動 → 第 2 フォルマント，F_2
5 倍振動 → 第 3 フォルマント，F_3
⋮

のようになる。振動モードの倍率とフォルマントの番号は一致しないので，混同しないように注意しよう。フォルマントは第 1 から第 2，第 3，第 4，… と続くが，母音の生成・弁別と関係しているのは，せいぜい第 3 フォルマントまでである。さらに，日本語の場合は第 1 フォルマントと第 2 フォルマントの周波数比で母音の種類が決定される。また，声帯の基本振動によって生じる基本音の周波数を指して F_0（エフオー）と呼んだりするが，これは声道の共鳴とは関係ないので，間違わないようにしたい。説明の中に，声帯の振動における振動モードと，声道の共鳴における振動モードが混在するので，どちらのことをいっているのかよく考えて理解するようにしよう。

声道の共鳴は，そういうわけで，周波数に幅を持った共鳴周波数帯が，閉管の基本振動，3 倍振動，5 倍振動，… に対応したフォルマントとして，周波数のところどころに共鳴しやすいピークを作る。その周波数特性をグラフで示すと，図 5-6 のようになる。これが，声帯の振動によって作り出された喉頭原音

に対するフィルタの役目を果たすのである。すなわち，喉頭原音は図 5-2 に示されるスペクトルを持っているのであるが，図 5-6 に示すグラフの山にあたる周波数域では，その周波数成分が強調されて強くなり，図 5-6 の谷に当たる周波数域では，原音のその部分の周波数成分が響かず弱められるのである。その結果，声道の共鳴によってスペクトル形が変形を受けた喉頭原音は，口元では図 5-7 のようなスペクトルに変化していると考えられる。これが声帯の振動と声道の共鳴による音源フィルタ理論である。このように声道の共鳴によって母音が形成される過程を**構音**（articulation）という。音声学分野では**調音**といわれるが，同じ意味である。混乱しないようにしよう。構音がうまくいかないと，言葉がうまくしゃべれない，つまり構音障害となるのである。

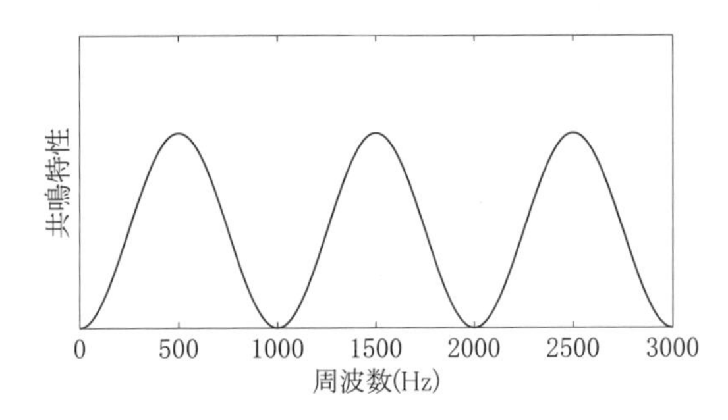

図5-6　声道の共鳴による周波数特性。曲線の頂点の部分がフォルマントを示す。

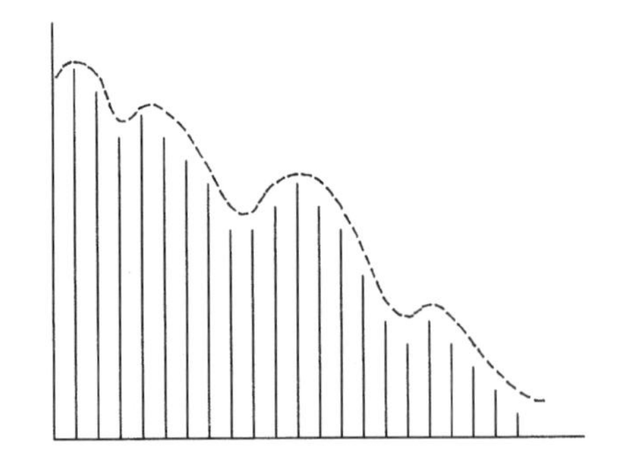

図5-7　口元でのスペクトル。声道の共鳴によってフォルマントが形成されるが，高域が小さくなっている。

実際に音を聴いてわかるように，喉頭原音では何の母音をしゃべっているのかまったくわからない。声が母音らしくなるのは声道によるスペクトルの変形を受けるからで，それによって声道の共鳴の特徴であるフォルマントの周波数域（フォルマント周波数という）が聴こえるようになり，フォルマント周波数の相対的な関係が母音を識別させているのである。

なお，声の高さは声帯の基本振動（F_0）によって決まるので，声道の共鳴やフォルマント周波数はまったく関係ない。くれぐれも混同しないように，正確に理解しよう。

(4) 放射特性

音源フィルタ理論の最後に，それほど本質的ではないが，母音が発話されて，口元から離れた場所に放射されることによる影響について触れておこう。一般的に，口元から離れるに従って低周波域が減衰して，その結果，高域が相対的に強められる。これを放射特性という。グラフで示すと図 5-8 のようになるが，結果としては高音のほうがよく伝達されることになる。放射特性が生じるメカニズムについては，流体力学的考察と，場合によって特殊関数を含む数学が必要になるので，ここでは省略する。興味のある読者は，太田光雄編『基礎物理音響工学』朝倉書店（1990）の p.108–113 など，専門書を参照してほしい。

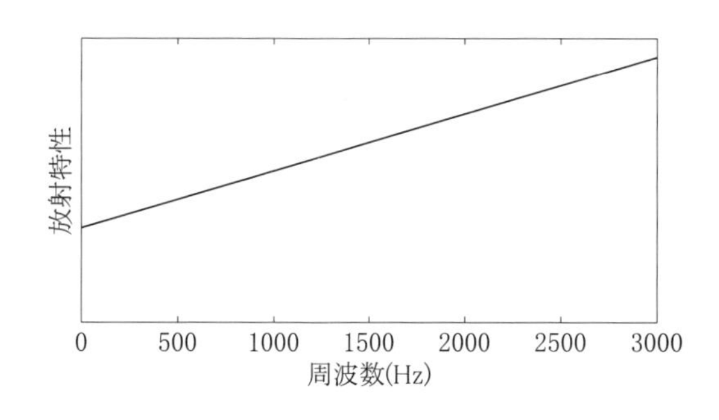

図5-8 放射特性。口元から離れると，高周波音が強調され，低周波音は失われる。

放射特性が作用した結果，口元のスペクトルは高周波域が持ち上げられて，最終的に図 5-9 のようになる。これが私たちが耳にする母音のスペクトルとなる。詳細には，声帯の振動が弦の振動と同じ特性を示すので，その基本音と倍音からなる線スペクトルになるが，その包絡線はいくつかのピークを持ち，それらが周波数の低いほうから順に第 1 フォルマント，第 2 フォルマント，…となるのである。

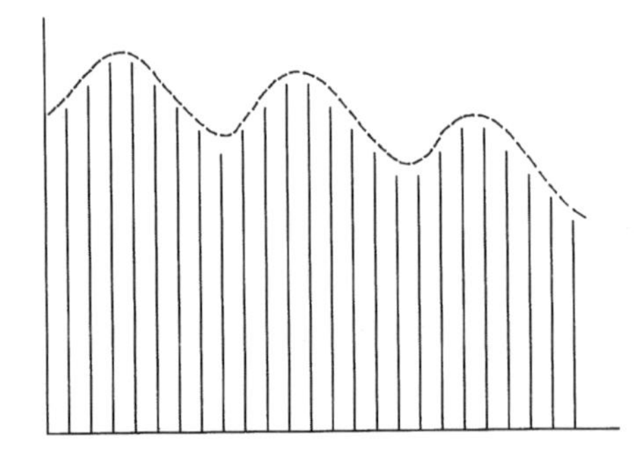

図5-9 放射された声のスペクトル。放射特性によって高域が持ち上げられ，フォルマントがわかりやすくなっている。

豆知識 アカペラと放射特性

少し前にアカペラコーラスがブームとなったことがあった。アカペラはア・カペラと分割され，カペラが教会の聖堂を意味し，「ア」は場所を示す前置詞であるので，もともとは「教会で」の意味で，転じて（教会で歌われるような）無伴奏の合唱を指す言葉になったのである。

さて，アカペラすなわち無伴奏でポップスをやろうとすれば，必然的にドラムなどの打楽器を口三味線で表現する，いわゆる「ボイパ」，ボイス・パーカッションが必要になる。このとき，ボイパをやる人は必ずマイクを口元に近づけなくてはいけない。どうしてかわかるであろうか。その理由は，ドラムなどの低音部を十分な音量で出すためには，マイクを口から離すと，放射特性によっ

て低音が減衰してしまい，都合が悪いからである。そこで，マイクを思い切り口に近づけてくっつけてしまえば，そのような放射特性の影響を受けず，低音部分を十分に出せるのである。この原理を，スタジオの現場などでは，放射特性の反対に（マイクへの）「近接効果」などとも呼んでいる。

(5) スペクトログラムによる表現

各母音の詳しい説明に入る前に，スペクトログラム上でフォルマントなどがどのように表示されるのか，概略を見ておこう。

母音発音時のスペクトログラムを模式的に描くと図5-10のようになるが，この中で，まず念頭に置いておきたいのは，各フォルマントの周波数域が，中性母音の場合，成人男性で

第1フォルマント：約500 Hz
第2フォルマント：約1500 Hz
第3フォルマント：約2500 Hz

あたりの高さに位置するということである。中性母音とは，とくに声道の狭めも広めもない状態，何も考えていないときに突然背中をたたかれて「あっ」と出すような声である。また，上の周波数は容易に計算できる。わからない人は第1章をよく見直してみよう。

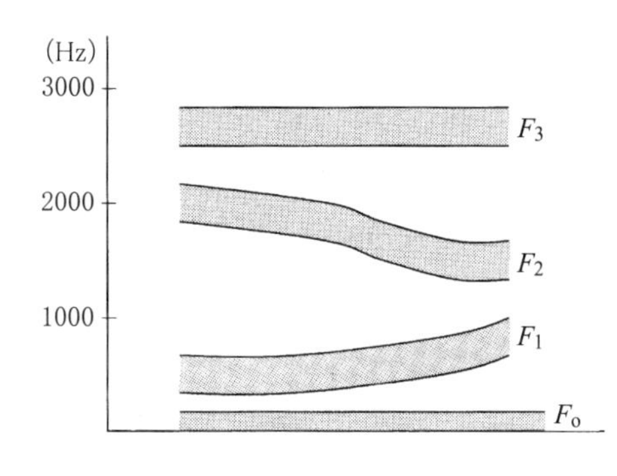

図5-10　母音のスペクトログラム（模式図）。周波数の低いほうから第1フォルマント，第2フォルマント，…と呼ぶ。いちばん下に声帯の基本振動成分を示すボイスバーがあり，これをF_0と呼ぶ。

また，声帯の基本振動（F_0）もスペクトログラムには観察されるが，それは男性で約 100 Hz，女性で約 200 Hz といわれている。すると，スペクトログラムでは最下部に横向きの帯として観察され，見た目上，第 1 フォルマントの下側に見える。しかし前述のように，これはあくまで声帯の基本振動であって，声道の共鳴ともフォルマント周波数とも何ら関係ない。F_0 は，そこで声帯が振動していることを示すものであり，この意味で**ボイスバー**（voice bar）あるいは**バズバー**（buzz bar）とも呼ばれる。「バズ」は英語で虫の羽音を意味し，とくに喉頭原音によく似ていることから名付けられたと思われる。

❷ 母音とフォルマント

人間は声道の形を変化させることによって，異なる種類の母音を発音している。このとき，最も大きな要因となるのは，声道中の特定の場所における狭めである。そのほかの要因としては，円唇化（唇を丸めること）によって，声道の長さをわずかに変えることもできる。本節では，とくに前者の狭めが母音の変化に与える影響について，音響学的観点から解説する。

(1) 第 1 フォルマント

第 1 フォルマントは，声道を閉管に見立てたときの基本振動に対応する共鳴周波数帯である。この共鳴モードを閉管と声道の図で示すと，図 5-11 のようになる。ここで注意しておかねばならないのは，模式図は横波のイメージで描かれることが多いが，実際は音は縦波であり，図中の振動の腹では，空気が閉管あるいは声道の方向（図の矢印方向）に最大の速度で動くのである。一方，振動の節では空気が圧縮されたり引っ張られたりして圧力が変化し，空気の移動はない。閉管の基本振動であるから，声門のところが振動の節となって，唇のところが振動の腹となっている。

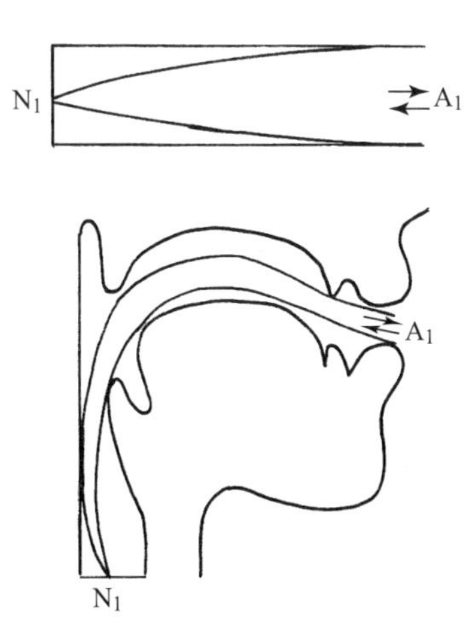

図5-11　第 1 フォルマントの振動モード。声門が振動の節に，口先が腹になっている。

ここで，声門をどうこうすることは困難であるので，まず，振動の腹である唇のところを狭めたらどうなるかということを考えよう。一般的に，振動の腹を狭めると，振動の腹は空気の移動が最も大きいところであるから，振動に伴って空気の移動する道が狭くなり，同じ時間に移動できる空気の量が減ってしまう。つまり空気の流れが悪くなる。あるいはもう少し詳しく書くと，空気の体積速度が小さくなる。つまり，管の中の空気の動く速度が遅くなると考えられるのである。空気の速度が遅くなるということは，振動自体が遅くなる，すなわち振動の周波数が低くなることを意味する。したがって，振動の腹を狭めると，その振動モードによって励起される共鳴周波数，つまりフォルマント周波数は低くなるのである。

このことを第 1 フォルマントに適用しよう。ここで振動の腹は唇のところである。ここの狭めは，ほぼ口の開閉を意味するのであるから，口を閉じれば，振動の腹が狭まってフォルマント周波数が低くなると考えられる。逆に開口度が大きければ，第 1 フォルマントの周波数は高くなるといえる。すなわち，第 1 フォルマントの周波数は開口度に関連して変化するのである。このことを日本語の 5 母音と関連づけるなら

（開口度）閉 ←――――――――――――→ 開
（F_1周波数）小　**イ，ウ**　　**エ，オ**　　**ア**　大

となる。最も開口度の大きい母音は「ア」であり，最も開口度の小さい母音は「イ」と「ウ」である。「エ」と「オ」は中間的である。したがって，第1フォルマントの周波数は,「ア」のときに最も高くなり，「イ」と「ウ」のときに最も低くなるのである。

(2) 第2フォルマント

さて，第1フォルマントの周波数だけでは，上述のような傾向はわかっても，5母音を完全に識別できるわけではない。そこで，次なる手がかりとして，第2フォルマントの周波数が重要になってくる。第2フォルマントは閉管の3倍振動に対応しているので，その振動モードを図にすると図5-12のようになる。図中，振動の節をN，振動の腹をAで示す。すると，第2フォルマントの周波数はどのような要因によって変化するのであろうか。振動の腹によるフォルマント周波数の変化もあるが，それは第1フォルマントの周波数と同じことになるので，さらに母音の識別との関係を考慮すると，振動の節の位置での狭めを考えなくてはいけない。

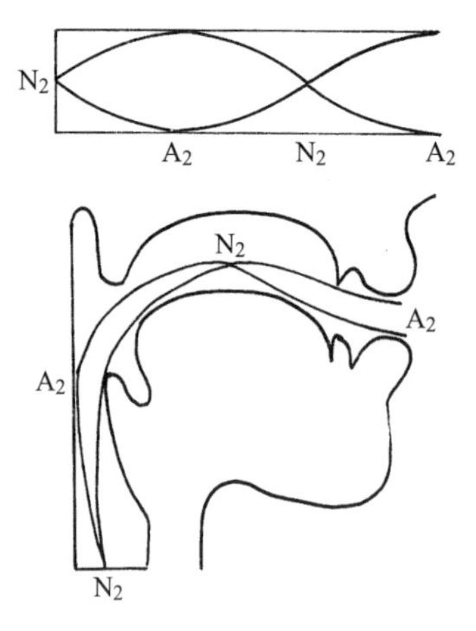

図5-12 第2フォルマントの振動モード。声道内に振動の節が生じていることに注意。母音「イ」の狭窄位置にほぼ等しい。

振動の節の位置を狭めるとフォルマント周波数はどうなるであろうか。前述のように，振動の節では空気の移動はなく，その代わり空気が圧縮されたりその反発で広がったりしている。フォルマント周波数の定性的な変化を理解するために，その位置が狭くなるということを少し極端に考えてみよう。いま，振動の節で空気の移動がないことを考慮して，位置を狭めるとは，そこに壁（声道壁）ができることだと考える。すると，狭めないときは気体の圧力のみで空気が反発して広がっていくのに対し，壁があるとその壁からの反発が加わって空気が広がっていくことになる。たとえば，空気の分子をボールに置き換えて，壁に向かって投げるのと，エアクッションのようなものに向かって投げるのでは，どちらが跳ね返りが速いであろうか。一般的にスティフネス（固さ）といって，材質が固いほど反発の速度は速くなる[*1]。壁と空気の比較でも感覚的に理解できよう。つまり，狭めがあるほうが，ないときより空気の反発速度が大きくなるのである。さらに，狭めのために声道中の空間が壁に占められる分，振動する距離が短いことも加わり，結果として振動の周期が短くなる。つまり，フォルマント周波数は高くなるのである。振動の腹を狭めた場合とは逆になることがわかる。

では声道における 3 倍振動の節はどこにあるのだろう。図のおよその位置から，声門以外で N と書かれている位置に注目して，いろいろな母音を発音してみよう。どの母音のとき，その位置が最も狭まるであろうか。おそらく「イ」のときに最も狭まり，「エ」「ア」と広くなっていって，「オ」のときにその位置の空間が最も広くなるのではないだろうか。「ウ」では再び少し狭くなるであろう。まず母音を発音してみて，感覚的に納得したいものである。「オ」のときには，節の位置が広くなる代わりに，舌がより後方の位置へ寄っているのがわかる。つまり，これらの母音を比較したとき，「オ」で舌は最も後方へ動き，「イ」では相対的に前のほうに舌が位置する。その結果，「イ」は前舌母音と呼ばれ，「オ」は後舌母音と呼ばれるのである。フォルマント周波数で考えると，「イ」のときに節が狭まるので周波数が最も高く，「オ」のときに周波数

[*1] もう少し詳細に書くと，同じ反発力を得るのに必要な変形量が小さいものを，スティフネスが大きい（固い）という。

が最も低いことになる。結果的に，第 2 フォルマントの周波数は舌の前後位置によって変化するということになる。しかし，このいいかたの表面的な意味に惑わされることなく，3 倍振動の節の位置の狭めとの関係を正しく感覚的に納得した上で，母音の名称を含めて整理したほうがよいであろう。

以上をまとめると

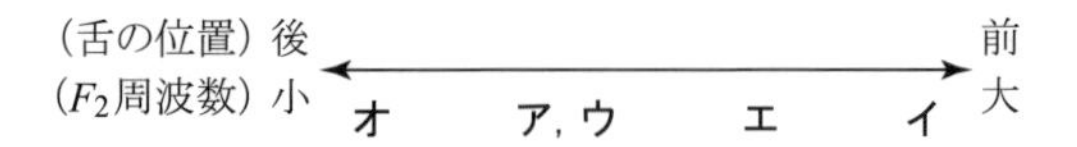

という関係になる。なお欧米語では，母音 /u/ は /o/ よりもさらに後舌となり，第 2 フォルマントの周波数が最も低くなる。これは，/u/ の発音時に円唇化が生じることとの関連も指摘されている。実際，「ウ」といいながら唇を丸くすると，節の位置の空間がさらに広がるのが感覚でもわかるであろう。

(3) 5 母音と第 1，第 2 フォルマント

以上の説明をもとに，日本語の 5 母音と，第 1，第 2 フォルマントの関係をまとめてみよう。まず，F_1-F_2 図と呼ばれる，横軸に第 1 フォルマントの周波数，縦軸に第 2 フォルマントの周波数をとった平面上に，5 つの母音を配置し

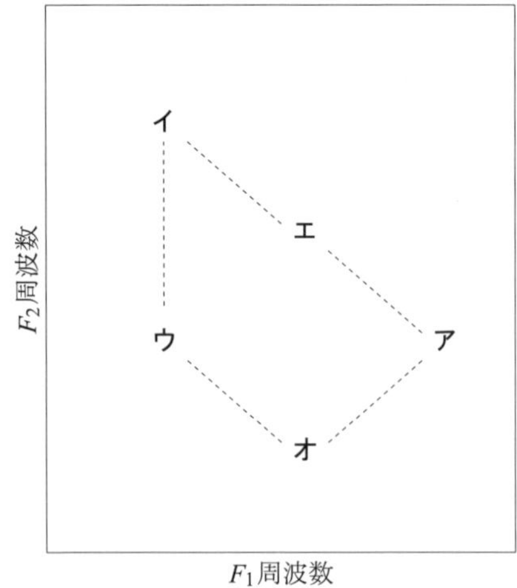

図5-13 日本語 5 母音の F_1–F_2 図。フォルマント周波数と各母音の関係を正しく理解し，なぜこの図のようになるのか説明できるようにしよう。

てみよう。その結果は図 5-13 のようになるが，この図は，いままでの説明を適切に理解していれば，容易に描くことができるはずである。なお，いうまでもないかも知れないが，横軸は開口度に，縦軸は舌の前後位置に直接対応している。

次に，スペクトログラム上に 5 つの母音を連続的に発音した場合を描いてみよう。その様子を図 5-14 に示す。この図では，「イエアオウ」と連続して発音した場合のスペクトログラムを表示している。図中に第 1 フォルマントと第 2 フォルマントをうまく見いだすことができるであろうか。最近はパソコンのソ

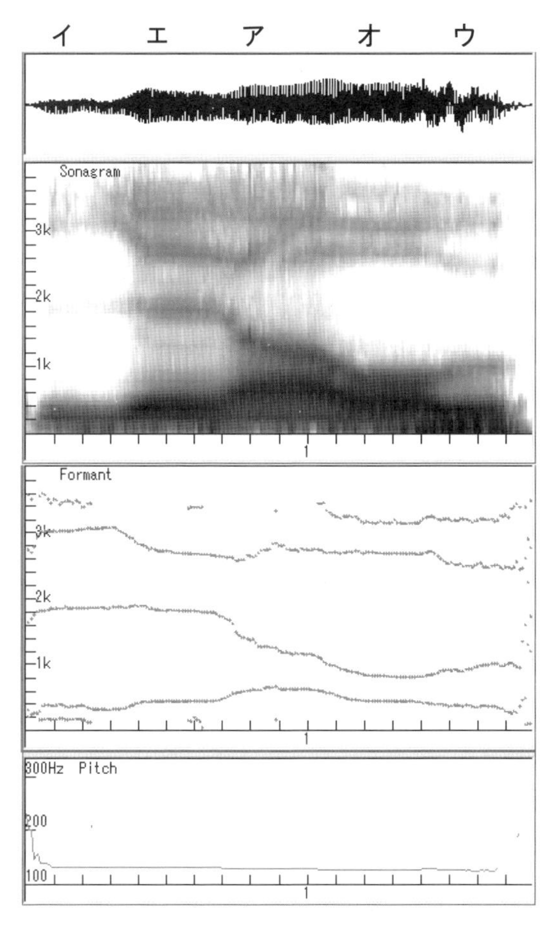

図5-14「イエアオウ」のスペクトログラム。1 段目が波形で，2 段目がスペクトログラム，3 段目がフォルマントの検出図，4 段目が F_0 周波数である。

フトウェアの機能で，自動的にフォルマント周波数を検出することもでき，その結果が図のスペクトログラム下部に示してある。しかし，自力である程度スペクトログラムを読めるだけの予備知識を持たないと，結局何のことだかわからないで終わってしまうであろう。なお，図のいちばん下は F_0 周波数のグラフである。

スペクトログラムを読み下すときにまず手がかりとなるのが，基本的なフォルマント周波数のおおよその値である。前述のように，第1フォルマントの周波数は成人男性の場合，おおよそ 500 Hz を中心としてその上下に変動している。同様に，第2フォルマントは 1500 Hz，第3フォルマントは 2500 Hz が中心である。また，前述のボイスバー（F_0）は，男性で 100 Hz，女性で 200 Hz くらいに存在する。これらが，すべて黒い帯状に重なって描かれてくるので，おおよその周波数から，どのあたりがどのフォルマントに相当するかを見切る必要があるのである。図 5-14 を模式的に解読した結果が図 5-15 である。みなさんは，そのように見ることができるであろうか。なお，図 5-14 の音声はサンプル音 81 に収録してある。

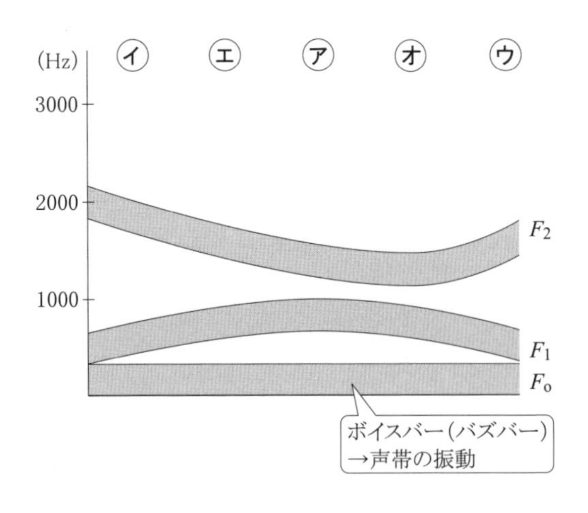

図5-15 「イエアオウ」のスペクトログラムの構成を模式的に表した図。スペクトログラムと見比べて対応関係を確認しよう。

発展 女性のフォルマント周波数

フォルマント周波数は，母音による変動分を除くと，基本的に声道の長さのみに依存する。したがって，声道の長さが同じであれば，男女差などはないはずである。ところが実際にフォルマント周波数を調べてみると，図 5-16 に示す程度，女性のほうがフォルマント周波数が高くなることがわかっている。この理由は声道の長さに求められるのではなく，女性の場合の声門の閉鎖における開放度が男性より大きいことに起因する。発音時に声門が開いているとは，わかりやすくいえば「ハスキー」な声ということである。女性のほうが男性より一般的にハスキーということである。

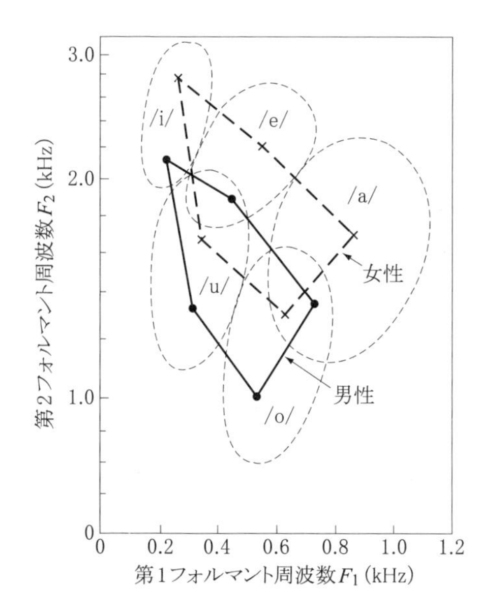

図5-16 フォルマント周波数の男女差。(出典：中田和男『音声（改訂版）』コロナ社，1995)

では，声門が開いていると，どのような違いが生じるのであろう。声道は閉管に近似されるというが，それは，発音時に声門が閉じているということから，声門側が振動の節になるということを意味する。ところが，その声門が多少なりとも開いていると，閉管から若干開管の共鳴の特性へと変化が生じる。ここで第 1 章を思い出してほしいが，開管の基本振動は閉管の基本振動に比べて，周波数は 2 倍に大きくなる。つまり開管に近づくということは，それだけフォルマント周波数が高くなるということを意味するのである。

なお，子供の場合は声道の長さ自体が短いので，フォルマント周波数は明らかに高くなる。女性の場合でも子供の場合でもそうであるが，フォルマント周波数自体が全体的に高くなったり低くなったりすることは，母音の識別には影響しない。子供の声では母音がわかりにくいというようなことはないのである。すなわち，母音の識別に影響しているのはフォルマント周波数自体ではなく，それらの相対的な関係，とくに第1フォルマントと第2フォルマントの周波数比が重要な役割を果たしているといわれている。

❸ 鼻音とアンチフォルマント

これまでは通常の母音の生成についての解説をしてきたが，本節からは子音（一部の母音と子音の複合音を含む）を含めた構音について考えていこう。その最初に，鼻腔への共鳴を伴う音，すなわち**鼻音**（びおん，nasal）について考察する。

鼻音には大別して**鼻母音**（びぼいん，nasalized vowel）と**鼻子音**（びしいん，nasal consonant）がある。通常の母音発音時には，鼻咽腔は閉鎖されており，鼻腔に呼気が流れることはない。これに対し鼻母音は，母音発音時に鼻咽腔閉鎖を開放し，口腔とともに鼻腔をも声道の一部として共鳴させる声の出しかたである。通常の日本語では鼻母音は使用しないとされている。しかし，一部の「イ」母音を発音する例で，鼻腔に響いている場合も少なくない。さらに，音声障害分野で問題になるのは，母音発音時に，通常は鼻咽腔は閉鎖されるのであるが，口蓋裂などに由来してこの機能が十分に働かず，いわゆる**鼻咽腔閉鎖機能不全**（velopharyngeal incompetence）となる場合，母音が鼻音化してしまうことである。このような声は**開鼻声**（hypernasality）とも呼ばれ，あとに述べるアンチフォルマントのために発話内容が聴き取りにくくなるのである。

また，鼻子音には/m/，/n/，/ŋ/，/ɴ/などがある。それぞれ口腔内の1カ所を閉鎖することによって，口腔からの音の放射はなく，鼻腔からの放射のみとなる。

これら鼻音に共通する特徴は，口腔に加えて鼻腔が声道に加わるということ，すなわち声道の分岐である。このような分岐が存在すると，いままで説明してきたフォルマントに加えて，特定の周波数域で音が吸収されてしまう現象が生じるようになる。これを反共鳴周波数帯＝**アンチフォルマント**（antiformant）と呼ぶ。アンチフォルマントが存在すると，その周波数付近で音響エネルギーが吸収されて放射がなくなってしまうため，このような周波数の場所を零点（zero）ともいう。フォルマントは周波数のピークであるため，極（pole）という。分岐しない通常の母音発音時には，フォルマントは生じるがアンチフォルマントは生じない，すなわち極はあるが零点はないという意味で全極構造と呼ぶ。一方，鼻音のように分岐があってアンチフォルマントが生じる場合は，極も零点も存在するため，極零構造と呼ぶ。やや専門的な用語であるが，なじんでおこう。極と零点は，それぞれ別々の周波数特性によって示されるが，音声のスペクトルにはその両者が混在する。そのような場合に，どこが極でどこが零点かを正確に示すのは容易ではないが，おおむね，スペクトル包絡のピークが極（フォルマント）で，谷に当たる箇所が零点（アンチフォルマント）と推測される（図 5-17）。

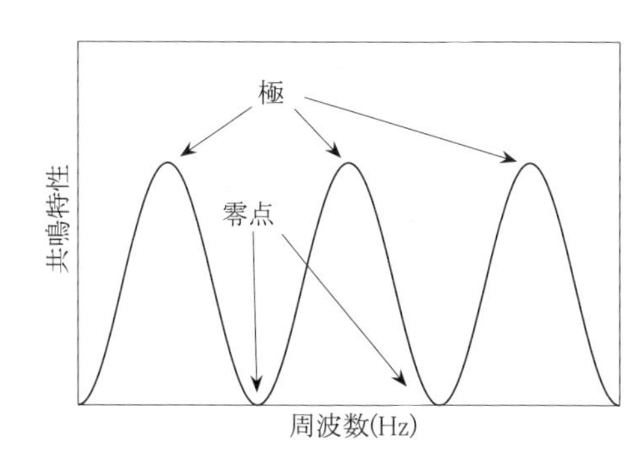

図5-17　極零構造における極と零点。声道の分岐などアンチフォルマントの生じる要因がないときは，極のみの全極構造となり，零点は生じない。

次に，鼻母音と鼻子音のそれぞれについて，音響の流れを説明しよう。まず，鼻母音の発音の様子を模式的に描くと図 5-18 のようになる。本来の咽喉から口腔への声道に鼻腔が追加されることによって，この鼻腔に響きやすい周波数帯の音が鼻腔に共鳴する。共鳴するとは，そこにエネルギーの流れが生じてエネルギーを蓄積することであるから，結果として，本来口腔へ流れるべき音声エネルギーの一部が鼻腔に吸収されることになる。鼻腔の出口はかなり狭くなっているため，鼻腔に共鳴した音はそのまま放射されることなく，鼻腔内でエネルギーを消費して，外部へは少しの音が放射されるに過ぎない。その結果，鼻腔を含めた声道での共鳴周波数帯＝**鼻音フォルマント**（nasal formant）による音が一部放射され，従来フォルマントとして放射されていた周波数帯は，鼻腔へのエネルギー吸収によってアンチフォルマントとなり，かなりの部分が打ち消しあって消失することになるのである。

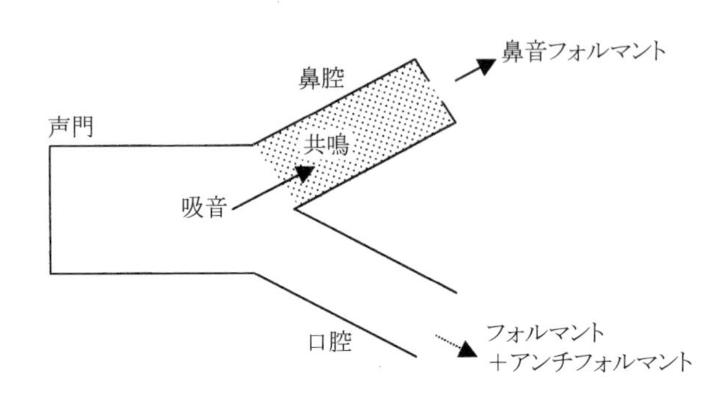

図5-18 鼻母音発音時の音響模式図。鼻音フォルマント，アンチフォルマントは，実際には口腔・鼻腔の相互作用によって生じる。

この説明は，可能な限り直観的な理解のために，やや簡略化していることを断っておく。実際には，鼻腔の出口が相当開いていたとしても，声道が分岐すること自体に起因して零点が生じる。そのメカニズムの説明は本書のレベルを超えるので省略するが，たとえば太田光雄編『基礎 情報音響工学』朝倉書店（1992）の p.21–26 など，電気回路の基礎的な文献における交流並列回路の考察がヒントを与えるであろう。電気・電子の素養がある読者は，一読してみるのもいいかも知れない。

一方，鼻子音発音時の声道の様子を模式的に示すと図 5-19 のようになる。鼻母音との最大の違いは，口腔内に閉鎖があることである。このため，鼻母音では音響エネルギーが外部に放射されていた口腔内も，鼻腔とともに共鳴し，音のエネルギーを吸収する役割を果たす。もともと鼻腔の出口が狭い上に，口腔も閉じられるため，音声の外部への放射はさらに減らされることになる。鼻腔からの鼻音フォルマントの他は，アンチフォルマントによって，ほとんど音響エネルギーを失ってしまうのである。

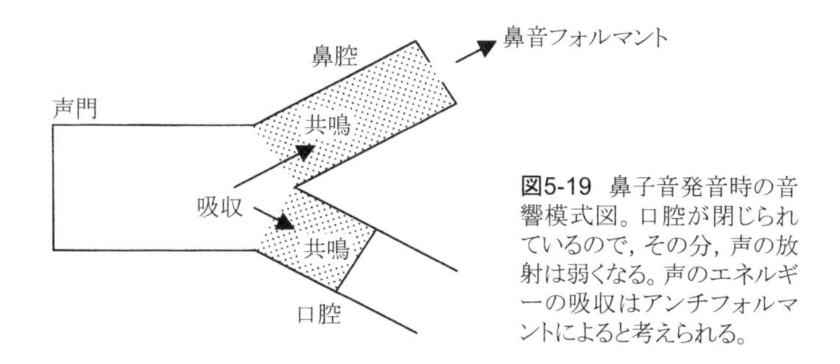

図5-19 鼻子音発音時の音響模式図。口腔が閉じられているので，その分，声の放射は弱くなる。声のエネルギーの吸収はアンチフォルマントによると考えられる。

鼻子音を持続的に発音した場合のスペクトログラムを図 5-20 に示す。一見してわかるように，わずかに見える黒い帯の部分以外は，アンチフォルマントによって音のエネルギーが消失したものと考えられる。下部に鼻音フォルマントも観察される。しかし，鼻音フォルマントの周波数帯は 250～300 Hz であり，ボイスバーとかなり接近しているため，見切るには多少の慣れが必要であろう。図 5-20 の音はサンプル音 82 に収録されている。

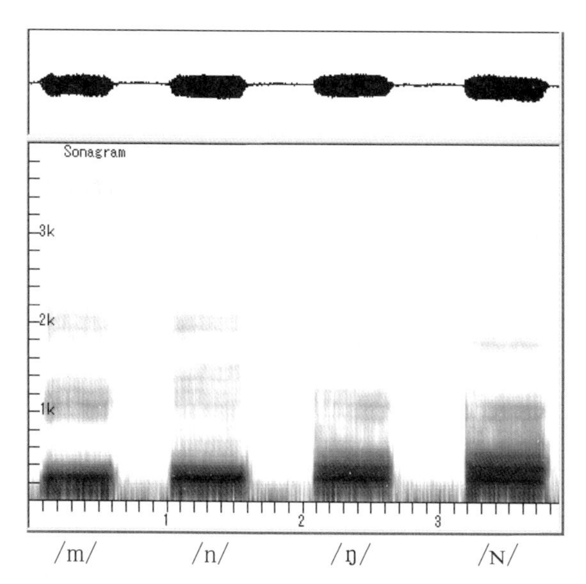

図5-20 鼻子音のスペクトログラム。鼻音フォルマントの周波数域とアンチフォルマントを確認しよう。

また，通常の母音と鼻子音のスペクトル包絡線を比較したものが図 5-21 である。図中，実線が母音を示し，ピーク部分が左から順に第 1 フォルマント，第 2 フォルマント，… である。鼻子音の場合は破線で示されている。左端，低周波部分に唯一実線の上に出ている部分が鼻音フォルマントである。それより右側の部分は，母音よりずっとエネルギーが小さくなっている。谷の部分が零点（アンチフォルマント）と考えられる。

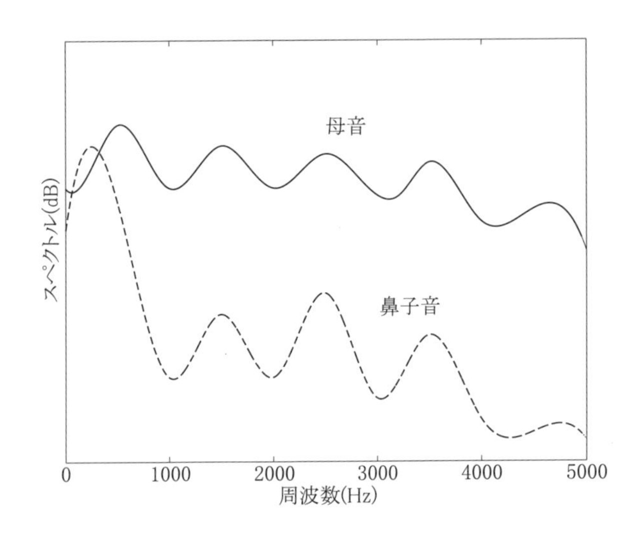

図5-21 鼻子音と通常母音のスペクトル。鼻子音の曲線が母音の曲線の上に出ているところは鼻音フォルマントである。

4 子音とフォルマント遷移

本節では，各子音を網羅的に扱うのではなく，主に摩擦音と破裂音を中心に解説する。とくに破裂音では子音識別のキュー（手がかり）の 1 つであるフォルマント遷移についてかなり詳しく扱い，同じ考えかたが鼻子音や接近音（半母音）などにも適用できることを示す。フォルマント遷移は本書の中でも最も奥まった部分に当たるが，可能な限り声道の物理的な形状との対応をつけ，学習者が実際に発音して確かめることによって，感覚的に納得しながら学ぶことができるように配慮している。本書最後の山場を慎重に登り詰めよう。

(1) 摩擦音

摩擦音（fricative）とは，声道の一部を狭窄させ，そこに勢いよく呼気を通し，空気の乱流を作ることによって，非周期的な雑音の成分を生成するものである。摩擦音の種類によって，そのスペクトル特性は異なるが，非周期的な連続スペクトルとしての黒い領域がスペクトル上に観察されることは共通である。破裂音なども雑音成分を持つが，その持続時間は短い。摩擦音では，雑音区間が領域としてはっきり観察できるのである。ここでは摩擦音のうち，粗擦音（strident，かん高い，耳障りな）のみを取り上げる。粗擦音は

無声音：/s/，/ʃ/
有声音：/z/，/ʒ/

の 4 種類である。この 4 つの音を単独に発音した場合のスペクトログラムが図 5-22 である。まず有声音と無声音の見分けかたであるが，最下部にボイスバーが見られるのが声帯が振動していることを意味するので，ボイスバーで有声音を見分ける。また，有声音のほうが，声帯の振動に伴う雑音成分の変調（周期的に波形の振幅にピークが生じること）により，無声音より縦縞がはっきりと観察される。図 5-22 の音はサンプル音 83 に収録されている。

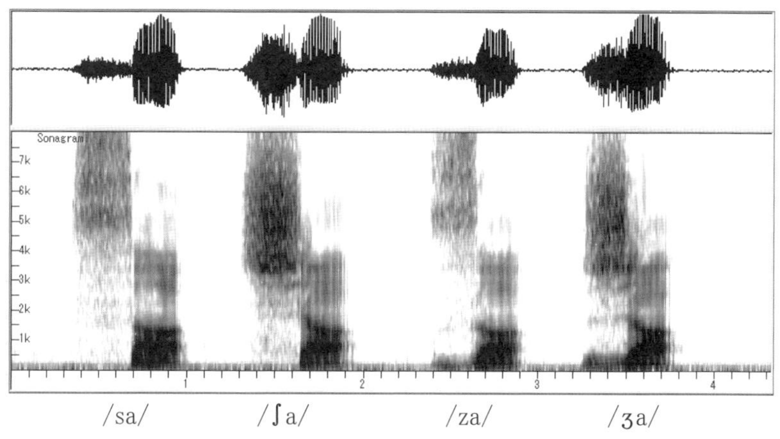

図5-22 粗擦音のスペクトログラム。ボイスバーの有無，周波数域の違いに注意しよう。

次に，歯茎音の/s/と，硬口蓋音の/ʃ/の区別は，その周波数域で行う。スペクトログラムから明らかなように，/ʃ/のほうが低周波域すなわち図の下のほうまで成分を持って黒くなっているのがわかるであろう。まず実際にこの2つの音を出してみて，どちらの周波数域を低く（高く）感じるか，感覚で納得することである。このとき，/s/を高く，/ʃ/を低く感じられないようであれば，音についての基本的な知識と感覚が結びついていないので，純音やバンドノイズなどをよく聴いて，周波数域によってどのように違って聴こえるかを確認しておこう。さらに，なぜそうなるのかであるが，この理由は，摩擦音が響く空間の長さによって，共鳴しやすい周波数域が異なることに由来する。図5-23のように，構音点である硬口蓋よりも歯茎のほうが口腔中の前方に位置するため，それよりも前の空間が大雑把には閉管としての共鳴特性を持つことになる。つまり，管の長さが短いほうが共鳴周波数が高く，長いほうが共鳴周波数は低くなるのである。図のように，/ʃ/よりも/s/のほうが共鳴空間が狭い（短い）ため，共鳴する周波数域はより高くなるのである。どうだろう，納得できただろうか。

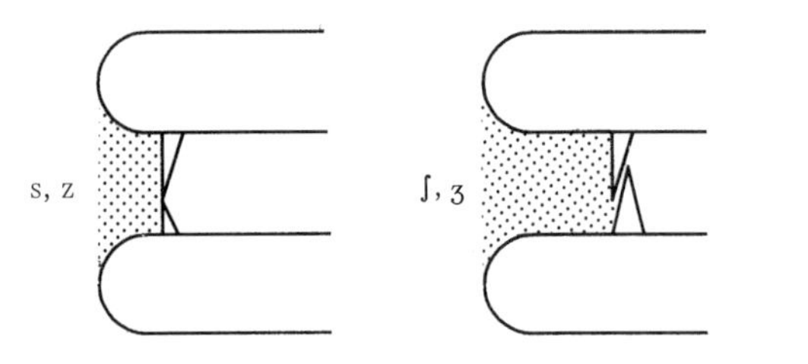

図5-23 /s/と/ʃ/の共鳴空間。空間の広さ(長さ)の違いに注意。

(2) 破擦音

次に，摩擦音に近いものとして**破擦音**（affricate）を見ておこう。破擦音とは破裂の直後に摩擦を伴う子音のことであるが，その種類は

無声音： /ts/，/tʃ/

有声音： /dz/，/dʒ/

の 4 つである。この 4 音のスペクトログラムを図 5-24 に示す。この音は摩擦音と破裂音の両方の特徴を持つ。破裂音の詳細については，このあとで解説するので，ここではスペクトログラム上での摩擦区間に着目して特徴を検討しよう。まず，破裂音の場合は，破裂の直前に声道の閉鎖区間（時間）が存在する。そして，その直後に破裂を伴って一気に発音されるため，摩擦区間の立ち上がりが急激である。摩擦区間とは別の破裂形が見える場合もある。そして，結果として摩擦の区間が摩擦音よりも短くなるのも 1 つの特徴である。その他の特徴は摩擦音に準ずる。図 5-24 の音はサンプル音 84 に収録されている。

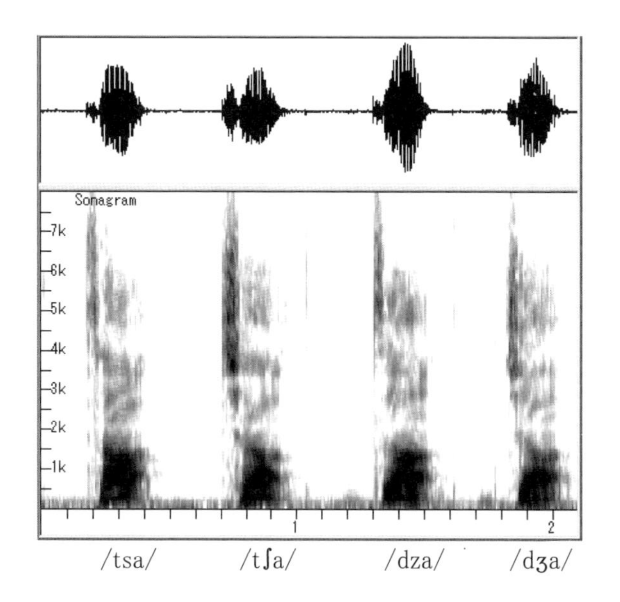

図5-24 破擦音のスペクトログラム。音の立ち上がりが鋭く，摩擦区間が短い。

(3) 破裂音

破裂音（plosive）は文字どおり，声道内で特定の場所を閉鎖した後，急激に開放することによって破裂させ，瞬間的な雑音成分を放射する子音である。すべての破裂音に共通するのは，破裂を起こす前の短い時間，声道の一部を閉鎖するということである。それゆえ，破裂音はまた**閉鎖音**（stop）とも呼ばれる。

そのスペクトログラムは図 5-25 のようになるが，共通する特徴として，破裂の直前の閉鎖の時間が，白く抜けた領域として観察される。これを**閉鎖区間**（stop gap）といい，この区間が見えることにより，無音の時間が存在することがわかる。

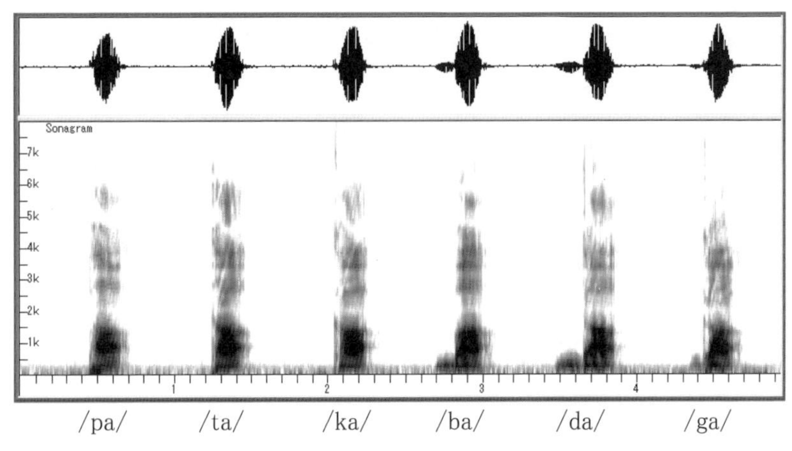

図5-25 破裂音のスペクトログラム。ボイスバーの有無などに注意。

破裂音の種類は

無声音： /p/，/t/，/k/
有声音： /b/，/d/，/g/

の 6 種類である。このうち，まず有声音と無声音の区別であるが，前述のように有声音では声帯が振動するので，ボイスバーが見られるはずである。しかし，破裂に伴う区間はごく短いため，その部分でのボイスバーを特定することは難しいかも知れない。その代わり，図を見るとわかるように，有声破裂音では破裂前の閉鎖区間でボイスバーが観察される。すなわち，無声破裂音では，閉鎖区間は完全な無音状態であり，呼気も停止していると考えられる。これに対して有声破裂音では，閉鎖区間でも声帯の振動は破裂に先立って励起している。そのためには空気が声帯の位置で動く必要があり，完全に呼吸は停止していないのである。しかし，閉鎖区間では声道は閉鎖されているため，本格的な呼吸を行うことはできず，ボイスバーに伴う呼気はごく短い間しか持続できないはずである。みなさん自身で，実際に有声/無声の破裂音を鳴らして，体感してみよう。とくに有声破裂音では，鼻腔に息を抜くことでもしない限り，閉鎖状態で長時間持続することは，やろうとしてもできないことがわかるであろう。図 5-25 の音はサンプル音 85 に収録されている。

発展 VOT とはなにか

図 5-25 のスペクトログラムを見ると，破裂とそれに続く母音区間の間にわずかな隙間があるのがわかるであろうか？ 破裂音の種類によっても見やすさが異なるが，破裂から声帯振動の始まりまでのこの時間を VOT（voice onset time）という。直訳すると「音声開始時間」とでもなろうか。この VOT には，以下のような特徴が存在する。

1. 無声破裂音のほうが有声破裂音に比べて VOT が長い。
2. 有声破裂音では破裂の前に声帯振動が始まることがあり，この場合の VOT はマイナスと考えられる。すなわち，有声破裂音では VOT がマイナスになることがある。
3. 破裂音の閉鎖位置が後方であるほど，VOT が長い。声門から閉鎖位置が遠ければ，早めに振動の準備ができるのであろう。
4. VOT が短いほうが，フォルマント遷移（後述）が見やすい。

VOT も，破裂音の種類を聴き取る手がかりになっていると考えられる。

次なる問題として，有声破裂音と無声破裂音の区別はできたとして，無声音どうしの /p/，/t/，/k/ の識別や，/b/，/d/，/g/ の識別はどのように行われるのであろう。ここでは，これにかかわる 2 つの要因を説明する。そのうち 1 つは破裂時に発生する雑音成分の周波数域であり，もう 1 つはフォルマント遷移である。

まず破裂形であるが，無声音で比較すると図 5-26 のようになる。図からもわかることであるが，破裂音の周波数域は

/t/：高
/k/：中
/p/：低

という傾向を持っている。図を丸覚えする前に，まず，みなさん自身でこれらの破裂音を発音してみて，どの音の周波数域が高くてどれが低いかを，ぜひ自分の感覚で納得しておきたい。頭だけで丸暗記するより，感覚で覚えたほうがはるかによく身に付くものである。なお，図 5-26 の音はサンプル音 86 に収録されている。

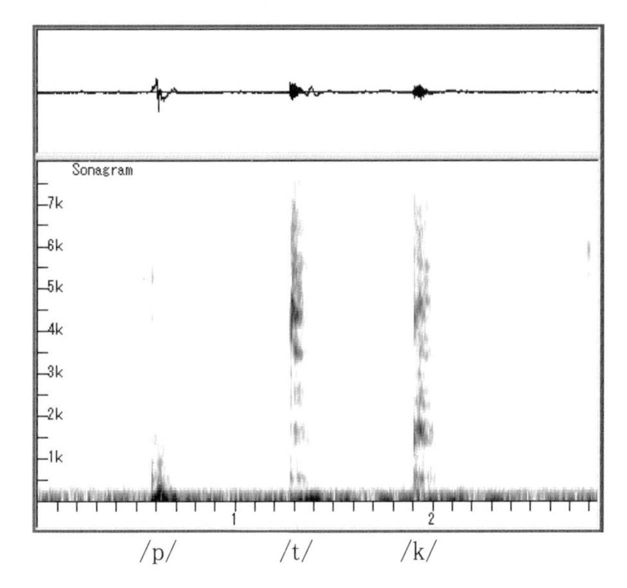

図5-26 破裂に伴う雑音のスペクトログラム。周波数域の違いに注意しよう。

これらの子音の違いは破裂時の閉鎖位置の違いによる。その結果，破裂音が共鳴する空間が異なるために，周波数域が異なるのである。その様子を図 5-27 に示す。まず /k/ と /t/ を比べてみると，/t/ のほうが閉鎖位置が前になる（自分でもやってみて感覚で確認しよう）。その破裂音が響く空間は閉鎖位置より前の部分になるため，/k/ より /t/ のほうが狭い。したがって，共鳴する周波数域も，/t/ のほうが /k/ よりも高いのである。

また，/p/ は閉鎖位置が最も前であるが，この音が響くのは閉鎖位置よりも後方になるため，より大きな空間に共鳴することができる。結果として，その周波数域は最も低くなるのである。

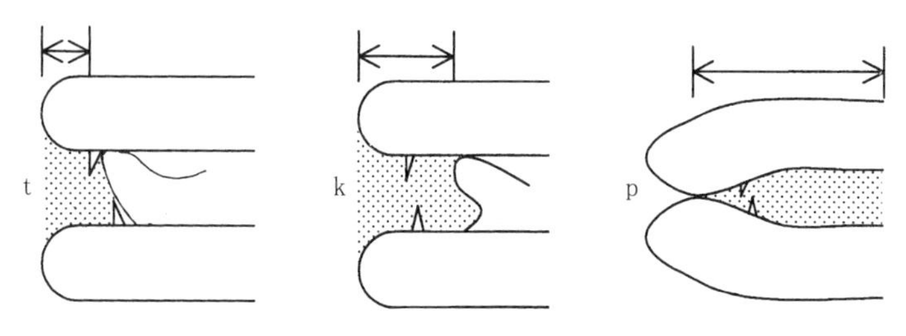

図5-27　破裂音の閉鎖位置と共鳴空間。共鳴する空間の違いに注意。

（4）フォルマント遷移

破裂音を識別するもう 1 つの手がかりに，**フォルマント遷移**（formant transition）という現象がある。これは

フォルマント周波数が急速かつ連続的に変化すること

である。「遷移」とは，ある状態から別の状態に移ることである。もし遷移という言葉がわかりにくければ，便宜的に「フォルマント変化」と思っても，それほど内容的には違わないであろう。

フォルマント遷移が生じるのは，主に母音の前後である。破裂音などの子音の直後に見られ，また，母音に続く次の子音へ向けてもよく見られる。

このうち，子音に母音が続く場合，子音の直後でフォルマント周波数が変化するとはどういうことであろうか。たとえば「パ」と発音するとき，/p/ を発音したあと，すぐに /a/ になるわけではない。声道の閉鎖を伴う音であれば，声道が閉じた状態から母音の形へ口を変化させなければいけない。「パ」でいえば，少しオーバーに書くと，正確には「プゥォァア～」といっているのである。この「ゥォァ」の部分が，フォルマント遷移と呼んでいる現象に対応するのである。

実際，子音の直後の部分での，このようなフォルマント周波数の変化は，その子音の閉鎖位置によって異なるため，フォルマント遷移は子音判別の手がかりとなる。実験で，破裂形は聴かせず，フォルマント遷移だけを聴かせても，

破裂音の種類は識別できたと報告されている。/pa/，/ta/，/ka/から破裂部分を除いた音をサンプル音 87 に収録しているので試してみよう。

ここでフォルマント遷移の様子を，/ba/，/da/，/ga/の 3 つを例にとって詳細に見てみよう。これらの音をあらためてスペクトログラムで示せば，図 5-28 のようになる。ここでのフォルマント遷移は見ての通りであるが，そのメカニ

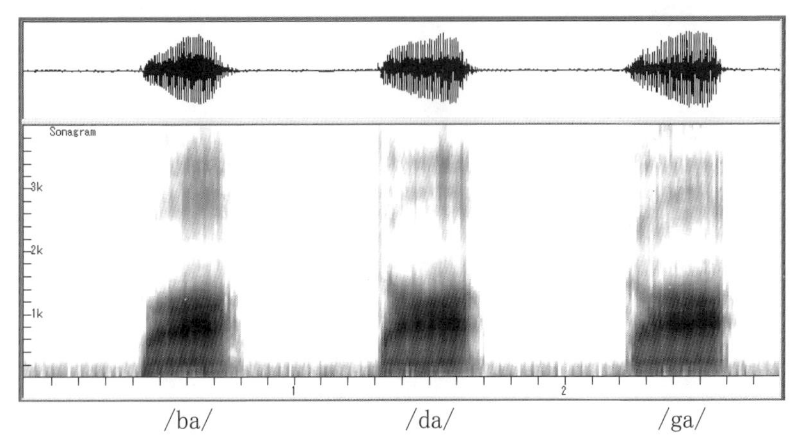

図5-28 /ba/，/da/，/ga/のフォルマント遷移。第 2 フォルマントと第 3 フォルマントは，破裂音の種類によって傾向が異なっている。

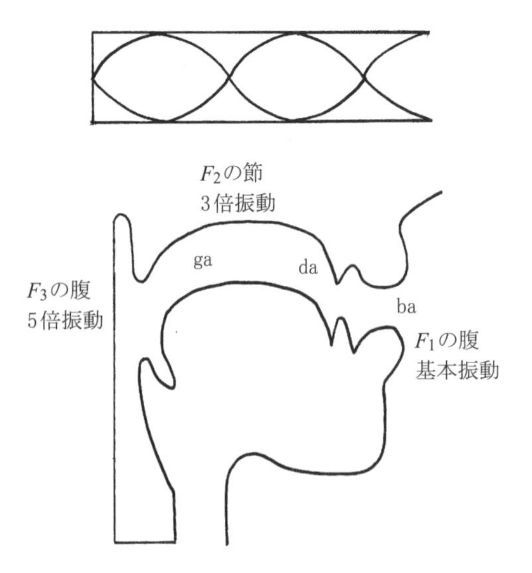

図5-29 声道内の閉鎖・狭窄位置。構音点とフォルマントの節や腹の位置関係で，フォルマント遷移の傾向が説明される。

ズムを理解するために，声道内の各種閉鎖・狭窄位置などを図 5-29 に示す。両者を見比べながら理解してほしい。まず第 1 フォルマントであるが，前述のように F_1 周波数は開口度によって変化し，その周波数は口が閉じるほど低くなる。破裂音は閉鎖音とも呼ばれ，破裂前はいずれも声道を閉鎖しているので，F_1 周波数はどの場合も低い周波数からスタートする。結果としてスペクトログラム上では，F_1 のフォルマント遷移として右上がりの傾向が観察されることになる。

次に第 2 フォルマントであるが，/ba/ は閉鎖位置が口先であるので，F_2 の振動の腹での狭窄のみが関係する。したがって第 1 フォルマントと同様の傾向を示すことになり，F_2 周波数は低い周波数から上昇し，右上がりの傾向となる。これに対して /da/ や /ga/ では，閉鎖位置が第 2 フォルマントの節すなわち母音 /i/ の狭窄位置に近いため，子音の直後ではフォルマント周波数は高くなっている。その結果，フォルマント遷移は高い周波数から下がってくることとなり，右下がりとなる。/ga/ のほうがより F_2 の節に近いため，右下がりの傾向が著しい。

また，第 3 フォルマントは，/ba/, /da/ ではたいした変化は示さないが，/ga/ では低い周波数から開始している。これは，/ga/ の閉鎖位置が第 3 フォルマントすなわち声道の 5 倍振動の腹の位置に近いためと考えられる。図 5-28 の音はサンプル音 88 に収録されている。

(5) ローカス（フォルマント開始周波数）

前項で，/ba/，/da/，/ga/ の場合について細かく見てきたが，一般的にフォルマント遷移は右上がり・下がりではなく，子音直後の開始周波数によって特徴づけられる。このフォルマント開始周波数を**ローカス**（locus）と呼ぶ。このローカスよりも母音発音時のフォルマント周波数が高ければ，結果としてフォルマント遷移は右上がりとなり，ローカスのほうが高ければ右下がりとなるのである。

第 1 フォルマントのローカス（フォルマント開始周波数）は，すべての閉鎖音について理論上 0 Hz である。第 2 フォルマントのローカスは，先ほどの図 5-29 を参照して理解することにより，成人男性で

/b/： 約 600 Hz
/d/： 約 1800 Hz
/g/： 約 3000 Hz（ガギグゲ）
/g/： 約 1300 Hz（ゴ）

程度の周波数となることが納得できるだろう。/b/ は第 1 フォルマントと同じように考えれば 0 Hz になりそうであるが，3 倍振動の場合は口先以外にも声道内に振動の腹が存在し，声道の壁が柔らかいために，口先が閉じられていてもある程度の共鳴が可能となって，ローカスは 600 Hz くらいとなる。/d/ よりも /g/（ガギグゲ）のほうが F_2 の節に近いため，ローカスも高くなる。さらに /g/ では，「ゴ」のときだけ閉鎖位置が後方に移動して，「ガギグゲ」と異なることに注意が必要である。「ゴ」では閉鎖位置がむしろ F_2 の腹の位置に近づくため，ローカスが低くなる傾向があるのである。これらのローカスの周波数と

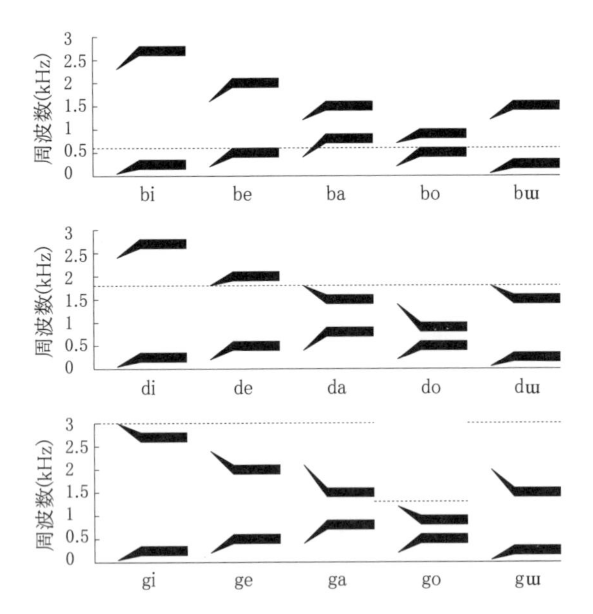

図5-30 /b/，/d/，/g/＋5母音で構成されるCV音節のフォルマント遷移を模式化したもの。点線はF_2ローカスを示す。（出典：レイ・D・ケント/チャールズ・リード著，荒井隆行/菅原勉監訳『音声の音響分析』海文堂出版，1996．日本語の母音に変更）

母音の関係をまとめて，フォルマント遷移を模式的に示したのが図 5-30 である。丸覚えすることにはまったく意味がないので，何が書かれているか上述から納得できるようにしたい。

(6) 鼻子音・接近音のフォルマント遷移

これまで説明してきたように，フォルマント遷移は開始周波数であるローカスによって特徴づけられ，そのローカスは直前の子音の閉鎖位置によって決まる。そこで，破裂音以外の子音であっても，閉鎖（狭窄）位置に破裂音との対応が見いだされれば，フォルマント遷移の形は同じものになるのである。

鼻子音の場合，声道の閉鎖位置はおおむね次の破裂子音と対応する。

/m/：/b/
/n/：/d/
/ŋ/：/g/（ガギグゲ）
/ɴ/：/g/（ゴ）

本当にこのようになっているかどうかは，実際に音を出してみて感覚で確かめておこう。したがって，たとえば/na/ と /da/ は同じフォルマント遷移を示すはずで，その様子をスペクトログラムで見たものが図 5-31 である。図中，破裂音の閉鎖区間の下部の帯はボイスバーであるが，鼻子音の発音中に下部に見られるのは，ボイスバーの他，鼻音フォルマントが含まれる。いずれも母音開始後のフォルマント遷移は，F_1 が右上がり，F_2 が右下がりで，同じ形になっているのを理解しよう。図 5-31 の音はサンプル音 89 に収録されている。

次に接近音であるが，これも構音時の狭窄位置が対応している破裂音のフォルマント遷移と同形になる。ただし，破裂音のフォルマント遷移に比べて，接近音の発音に伴うフォルマント遷移の持続する時間はやや長くなり，2 つの母音をつなげて発音した場合との中間となる。

接近音 /wa/ では，その狭窄位置が /b/ の閉鎖位置と同じであるので，/ba/ と同形のフォルマント周波数を示す。そして，その変化の速さが，/ba/ と，母音の連続 /ua/ の場合の中間となる（図 5-32，音声はサンプル音 90 に収録）。

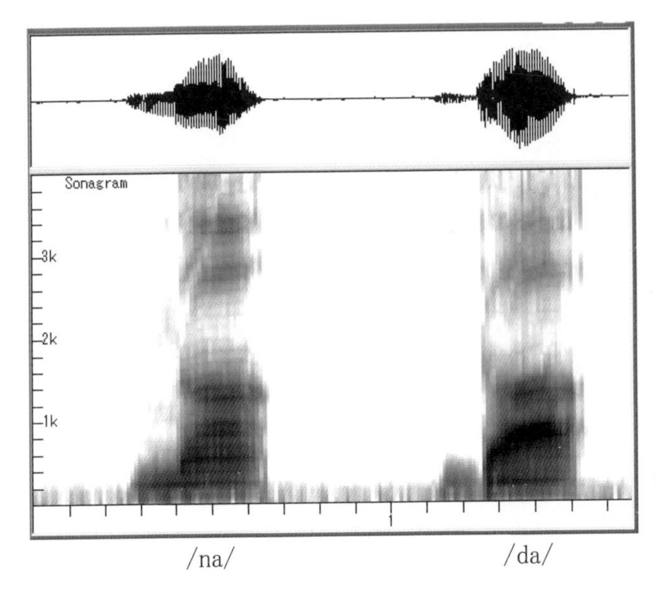

図5-31 /na/と/da/のフォルマント遷移。遷移形は同じである。鼻音フォルマントとボイスバーの違いにも気を付けよう。

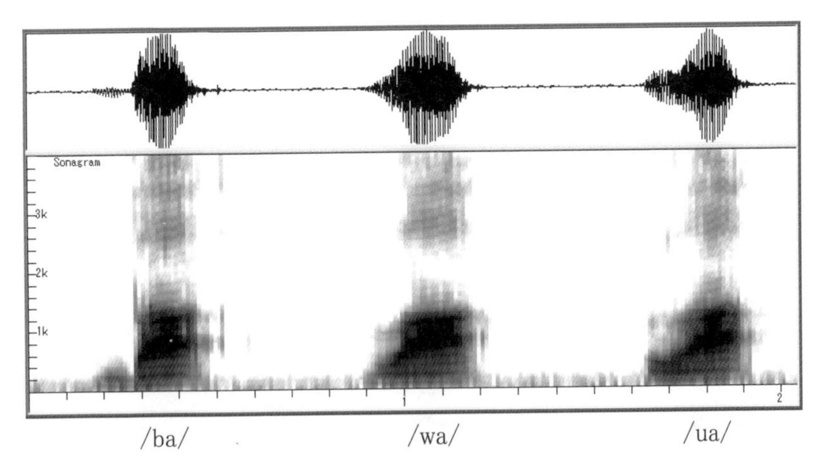

図5-32 「バ」「ワ」「ウア」のフォルマント遷移。同じ形であるが，遷移にかかる時間がしだいに長くなっている。

また，接近音/ja/では，その狭窄位置は/d/の閉鎖位置と/g/（ガギグゲ）の閉鎖位置の中間となるが，より/g/のほうに近い。そこで，/ja/, /ju/は/ga/, /gɯ/とほぼ同形のフォルマント遷移となる。/jo/は，/go/の閉鎖位置が異なるので，

むしろ /do/ とフォルマント遷移の形が近いであろう。この場合も /wa/ と同様，フォルマント遷移にかかる時間は破裂音と母音の連続の中間となる。図 5-33 に /ga/, /ja/, /ia/ の例を示す。左から右へいくに従って，フォルマント遷移の時間が延びていくのがわかるであろう。この音はサンプル音 91 に収録してある。

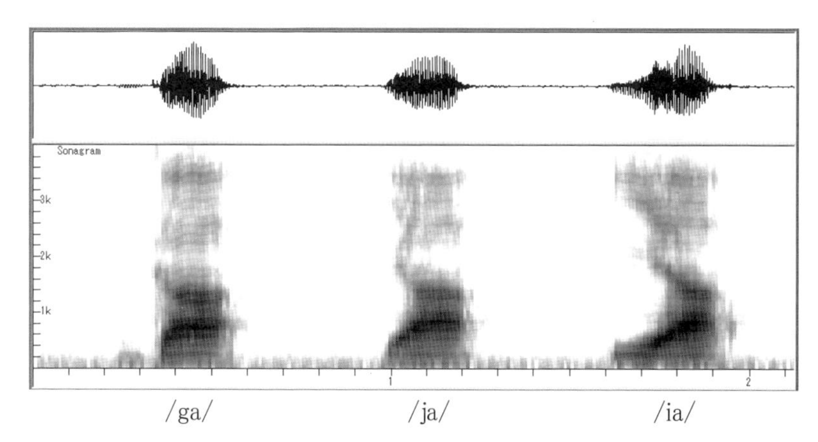

図5-33 「ガ」「ヤ」「イア」のフォルマント遷移。前図と同様，「ガ」から「イア」に向かって変化が緩やかになる。

豆知識 L と R の音の違い

英語を学習している日本人にとって，どうしても難しいことに，L と R の使い分けがある。ことに /r/ 音については，発音するのも難しければ，/l/ 音との聞き分けも困難である。この 2 音は流音と呼ばれ，声道内の，主に舌によって形成される狭めの間を息が流れることで生成される。その結果，声道が舌で 2 分することによるアンチフォルマントなども生じるが，全体的には日本語のはじき音（ラ行の子音）に近いものとされている。

しかし，/r/ 音が /l/ 音と決定的に異なるのは，第 3 フォルマントの周波数が下がるという特徴を持っていることである。日本人には，この第 3 フォルマントを聴く習慣がないので，/l/ と /r/ の違いはもともと聴こえてこないのである。したがって，日本人がこの聴き分けを習得するためには，普段は音韻識別のために聴くことのない第 3 フォルマントを，無意識のうちに聴けるようにしなければいけないのである。

一方，/r/ 音は発音のしかたも難しい。多くの教師や指導者が /r/ 音の発音について異なったアドバイスをし，学習者をより混乱に陥れている。なぜそんなことなるのであろうか。すべての原因は，私たち日本人がなじんでいない第 3 フォルマントの低下を構音するということを身に付けなければいけないことにあるのである。第 3 フォルマントは声道の共鳴における 5 倍振動に対応しており，振動の腹の位置を示すとおおむね図 5-34 のようになる。F_3 周波数を下げるためには，このうちのどこかを狭めればいいのであるが，このためにさまざまなアドバイスがなされるのである。/r/ を発音するときには「ウの口をするとよい」といわれることがあるが，それは口先を狭めることによって F_3 周波数を下げる効果を持つと思われる。また，舌先を軽く上げるというのも基本的な /r/ の発音方法であるが，それは，舌先自体の位置はあまり関係なく，舌先を上げることに連動して，後部の 2 番目の振動の腹が狭まるからと考えられる。実際に自分でやってみて確かめよう。さらに，いちばん奥の腹を狭めることも考えられるが，そのための声道のコントロールは難しいであろう。

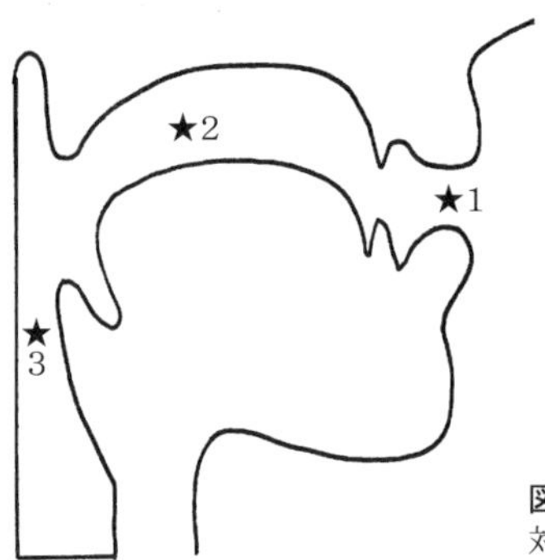

図5-34 第3フォルマントに対応する振動の腹の位置。

5 音素の連続による効果

ここまでは単独の音素，あるいは単独の音節についての解説を行ってきたが，実際の会話音声では複数の音素が連続して発話される。そのことによって，単音にはない複雑な効果が生じるとともに，会話全体のリズムというような，より時間的にまとまった音声対象に特有の特徴も現れてくる。本節では音声のこのような特徴について，多くの知見が得られつつある中の一部を紹介する。

(1) 調音結合

調音結合（coarticulation）という用語は，文献によって説明が異なり，定義に曖昧性を感じさせる概念である。実際のところ，音素の構音が前後の音素に影響されること全般を指すようにも思われるが，その中でも特徴的なのは下記の 2 点である。

① 構音の簡略化
② 後の構音の先取り，または先の構音の影響が残ること

前者においては，速い動きで個々の音素を構音すること自体が大変であること，また，構音器官の慣性の影響で，十分その音素を構音できなかったり，なめらかな動きになったりすることである。そのため，研究者によっては「なまけ」「平滑化」「惰性」などとも呼んでいる。

具体的な例で考えてみよう。「イアイ（居合い）」ということばがあるが，このように前後を「イ」に挟まれた「ア」は，単独で発話された「ア」のようにきちんとは構音されない。

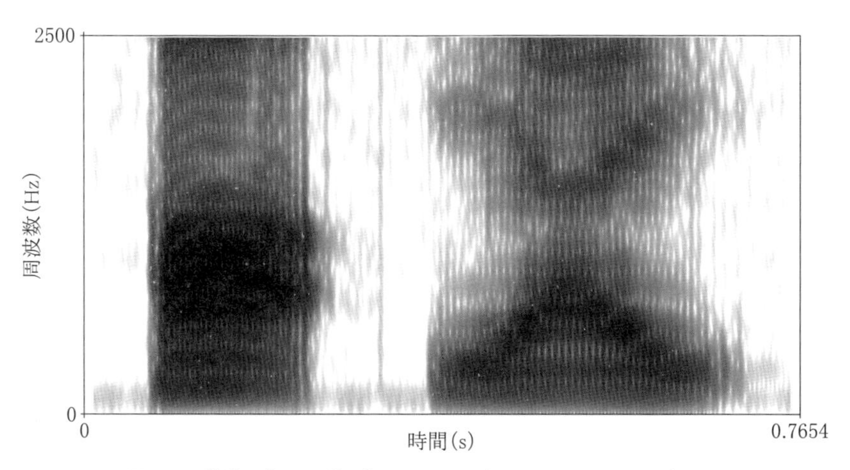

図5-35 単独の「ア」に続き「イアイ」と発話したときのスペクトログラム。

「イアイ」の中の「ア」は，単独の「ア」よりも「イ」に近い性質を持つ。そのため単独の「ア」よりも第1フォルマントは低く，第2フォルマントは高くなる。実際に発話した音声のスペクトログラムを図5-35に示す。音はサンプル音92である。図を詳細に見れば，第1フォルマントでは「イアイ」のほうがわずかに低く，第2フォルマントでは「イアイ」のほうが明らかに高いのがわかるであろう。ほかにも構音が簡略化されるさまざまな例が考えられる。

②では，後に鼻子音が来るときに，その前の母音が鼻音化される例や，後の音に円唇化があるとき，前の音ですでに円唇化が始まるなどの例が考えられる。英語の「stew」などは後者の例である。

(2) ピッチアクセントとピッチ曲線

音声は自然に発話されると，韻律と呼ばれる特有の特徴を示す。プロソディとも呼ばれている。韻律（プロソディ）は音声に伴うピッチや音響パワーの特徴的な時間変化を指す。日本語ではアクセントがピッチアクセントであることから，アクセントをピッチの変化として捉えることができる。なお，本項では東京方言を基にして説明する。たとえば，「箸」と「橋」，「端」という同音異義語があるが，それぞれアクセントの型は異なる。「箸」では

ハシ

となり，「橋」と「端」は，ともに

ハシ

となるが，後の2者の違いは助詞をつけてみると，「橋」では

ハシヲ

となり，「端」では

ハシヲ

となる。とくに，このピッチが下がる要素を**アクセント核**と呼ぶ。「箸」と「橋」

にはアクセント核があるが，「端」にはアクセント核がない。有核語，無核語などともいう。同様に，「雨」と「飴」では，「雨」の場合

アメ

となり，「飴」の場合

アメ

となって，こちらにはアクセント核がない。

これらを音響的に観測するとどうなるであろうか。「箸」と「橋」の場合，図5-36 のようになる。音はサンプル音 93 で聴くことができる。

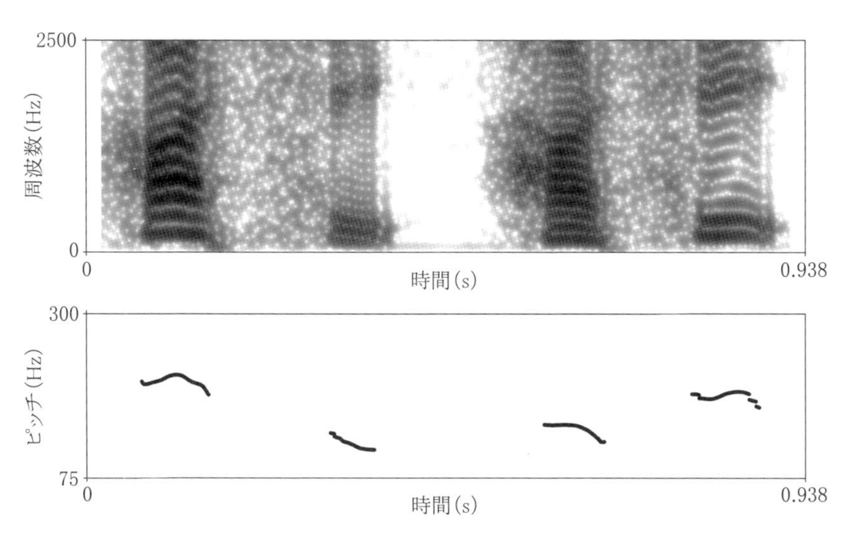

図5-36 「箸」「橋」と続けて発話したとき。上がスペクトログラム，下がピッチ曲線である。

この図は，上がスペクトログラム，下がピッチ曲線を自動抽出したものである。スペクトログラムは周波数変化が見やすいように狭帯域で表示している。スペクトログラムのいちばん下の帯が声帯振動の基本音に対応しているので，この帯の変化を見ればピッチの変化がわかる。抽出した下の図では，よりわかりやすく描画してある。

「ハ」と「シ」が無声子音で分断されているため，比較的見やすいが，それぞれのピッチは常に変化していて，必ずしも階段状ではないことに注意しよう。

「雨」と「飴」の場合はこの事情がより鮮明になる。これを図 5-37 に示す。音はサンプル音 94 である。図の描画は同様である。今度は，「ア」と「メ」が有声子音でつながっているため，ピッチの変化がまったく階段状ではないことがわかるであろう。

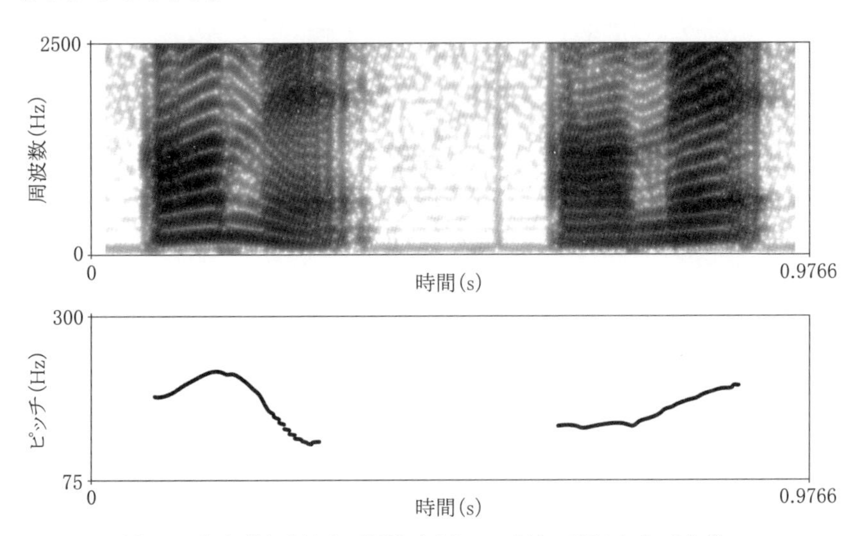

図5-37 「雨」「飴」と続けて発話したときのスペクトログラムとピッチ曲線。

豆知識 専門分野と視点

音響学，音声学，言語学（音韻論）は，ともに音声という共通のものを研究の対象にしているが，アプローチのしかたは異なっている。そのため，時として，異なった分野の研究者どうしで話が通じなくなることもあった。しかし，近年は分析技術の発展とともに，相互にコミュニケーションがとりやすい環境ができてきたといえるであろう。

具体的に，それぞれの分野では音声の何を見ているのかというと，端的には

- 音響学 … 音という物理的実体を見ている
- 音声学 … 調音（構音）という生理的実体を見ている
- 言語学 … モーラと呼ばれる音の区切りやアクセントなど心理的実体？ を見ている

というようなことがいえるのではないであろうか。このため，言語学者の唱え

るモーラの等時性などは，物理的にはまったく当てはまらないのは有名な話であるが，一方で等時に感じるということを正面から受け止め，詳細な解析によってモーラ長の法則を見いだすことなどが音声合成分野などで行われている。本項で見たアクセントの形とピッチ曲線の対応関係もそうしたものの 1 つであり，音響学の立場としては，これらの現象が音響的にはどのようにして実現しているのかを理解する必要があるのであろう。

(3) アクセント句

次に，日本語音声の韻律的特徴として，**アクセント句**をあげることができる。これは主に，最小限の意味のまとまりごとにピッチが上がり下がりの山型を形成することである。このアクセント句はまた，アクセント核の影響を受け，アクセント核があるところで山のまとまりが分断されて，アクセント句も分割される。その様子を図 5-38 に示す。音はサンプル音 95 である。図の見かたは前項と同様である。

この図では，「甘いクリーム」の途中にはアクセント核がないため 1 つのアクセント句（山型）にまとまるが，「辛いクリーム」では，「辛い」にアクセント核があるため，途中で山が分断され，2 つのアクセント句が形成されている。

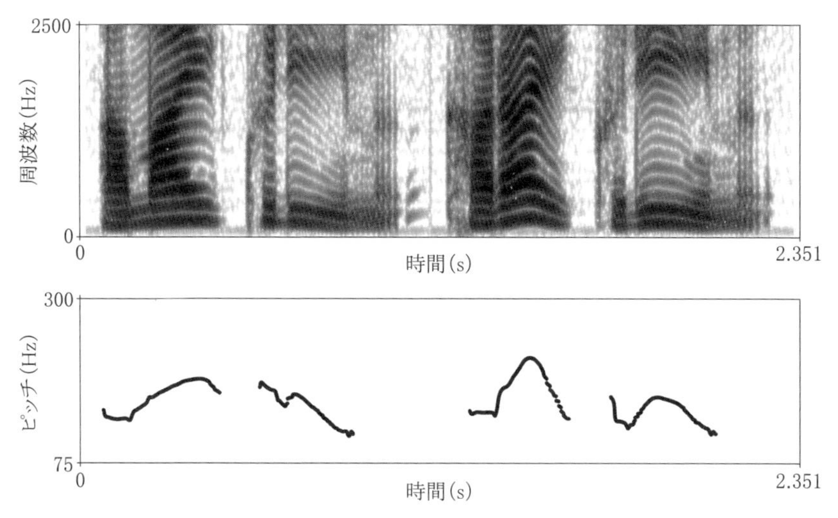

図5-38　「甘いクリーム」「辛いクリーム」と続けて発話したときのスペクトログラムとピッチ曲線。

(4) ダウンステップ（カタセシス）

さらに，日本語音声の特徴として，文頭から文末に向かってピッチが下がっていくという傾向がある。これは，呼気が少なくなってくるために生理的にピッチが下がる自然下降もあるが，それ以外に韻律的な特徴によってピッチが下がる傾向がある。このとき，各アクセント句の山頂部分が顕著に下がり，ふもとの部分はあまり変化しない。この傾向を**ダウンステップ**（または**カタセシス**）という。

2つの例を図 5-39，図 5-40 に示す。音はサンプル音 96 と 97 である。

図 5-39 で，「辛いクリームを食べたい」と発話した場合は，3つのアクセント句がきれいにダウンステップを示している。これに対して，図 5-40 では「甘いクリームを食べたい」と発話しているが，「甘いクリーム」にはアクセント核がないため，アクセント句が分割されない。このような場合はその部分ではダウンステップは生じないのが見て取れるであろうか。

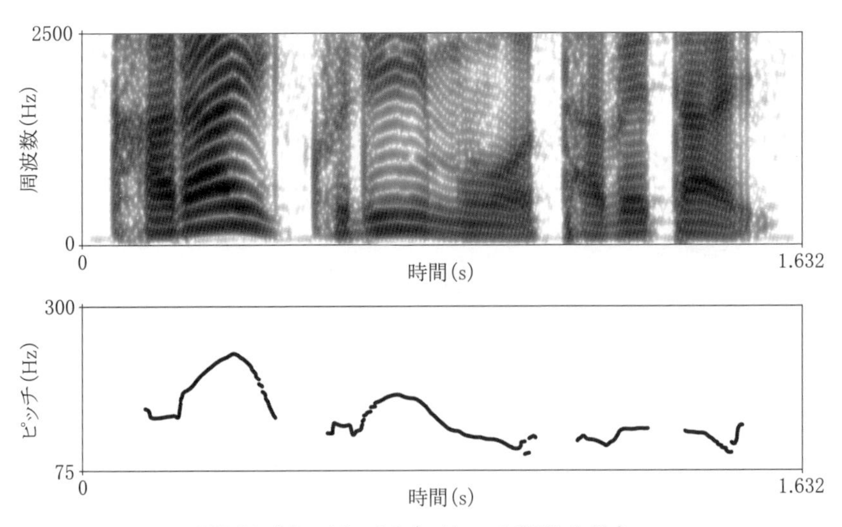

図5-39 「辛いクリームを食べたい」と発話した場合。

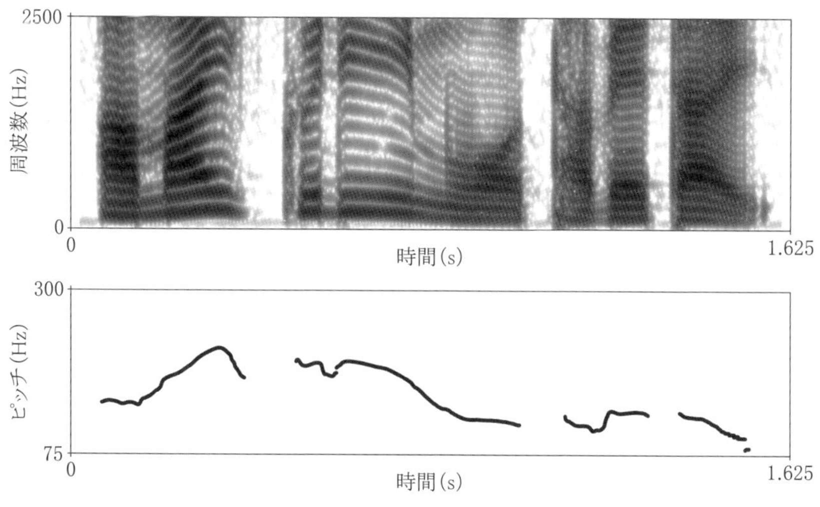

図5-40 「甘いクリームを食べたい」と発話した場合。

なお，ダウンステップは通常に発話した場合に生じるもので，音声の途中で強調がある場合などは当てはまらない。また，こうした議論は主に東京方言を基にしており，他の地方の方言では当てはまらないこともあるので注意してほしい。

6 総合分析

これまでに学んできたことを応用して，いよいよ実際の音声を取り上げて，分析してみよう[*2]。ここまでの知見で十分網羅したとはいえないが，適宜補いながら解説する。

(1) 分析例-1

図 5-41 を見てみよう。この図は，声優（男性）が「どんどん利用してほしい」と読み上げた場合のスペクトログラムである。この音声はサンプル音 98

[*2] 本節で取り上げる音声は，NTT アドバンステクノロジ『音素バランス 1000 文』から，許可を得て使用している。

に収録してあるので，よく聴いて図のどの位置がどの音素に対応しているか，おおよその位置をよく見定めてみよう（だいたいの位置は図に示されている）。

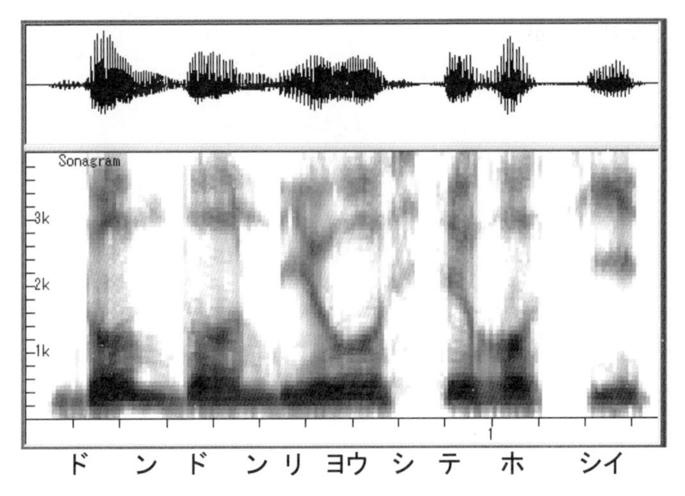

図5-41 「どんどん利用してほしい」のスペクトログラム。
（NTTアドバンステクノロジ『音素バランス1000文』の音声を使用）

まず最初に「ドン」という音が2回出てくる。この音は破裂音/d/から始まるので，そのために破裂の前に閉鎖区間があるのがわかる。ただし/d/は有声音なので，閉鎖区間でもボイスバーと思われる黒い部分が見える。破裂直後には，第1フォルマントが右上がりのフォルマント遷移を示している。第2フォルマントは，やや右下がりかほとんど水平に開始している。母音/o/が見られたあと，/n/の部分では，アンチフォルマントのために，かなり薄い区間が観察される。下方に，ボイスバーよりわずかに周波数の高い鼻音フォルマントが観察される。鼻音の区間と破裂前の閉鎖区間の違いがわかるだろうか。2回目の「ドン」も，ほぼ同じである。

次に，「リヨウ」のはじき音となる。はじく前は，舌が硬口蓋に接触した状態での狭窄が持続する区間が存在するため，その部分は薄く表示されている。ただし完全な閉鎖区間ではなく，流音と同様のアンチフォルマントが存在していると考えられる。その後，はじきの直後に母音/i/のフォルマントが観察される。F_1 周波数が低く，F_2 周波数が高くなっているのがわかる。

「リヨウ」の /ijo/ の部分で，第 2 フォルマントの周波数が大きく変化するフォルマント遷移がきれいに観察できる。/o/ の母音は F_2 がいちばん低く，F_1 周波数はやや持ち上がっている。その右側にもフォルマントの曲がりが見えるが，これは次の子音 /ʃ/ の構音位置へ声道の形を移動するのに伴うフォルマント遷移である。

続く「シテ」の部分では，子音 /ʃ/ に伴う雑音成分は観察されるが，母音 /i/ に相当するフォルマントは観察されない。つまり，この「シ」は無声化しているということがわかる。「テ」の子音は破裂音なので，その前には閉鎖区間が見られるが，今度は無声音であるため，ボイスバーは見られず，完全に白く抜けている。破裂後の母音部分は，破裂直後には /e/ の形を示すも，すぐに次の「ホ」の構音へ向けたフォルマント遷移が生じている。

最後の「ホシイ」で，まず声門摩擦音 /h/ の部分では，高周波域はかなり薄くなってはいるものの，低周波域にフォルマント様の領域が残り，完全には無声化していないようである。その後，弱く観察される /ʃ/ の前に，閉鎖区間が見られるのが特徴的である。摩擦音の前に母音が短く発音される場合，促音的要素が生じた結果であろうか。「シイ」では，母音の /i/ が（声優のため）通常よりもしっかり発音されており，それに伴って子音 /ʃ/ は弱く短くなっていると考えられる。

(2) 分析例-2

もう 1 例，分析してみよう。前回と同様，声優による「誰にでもできるだろう」という音声のスペクトログラムである（図 5-42）。音声はサンプル音 99 に収録してある。本文でそれぞれの解説は行っているが，図のどこを指して説明しているのか，よく納得する必要がある。自力でわからない場合は，指導者などのアドバイスを受けることを勧める。

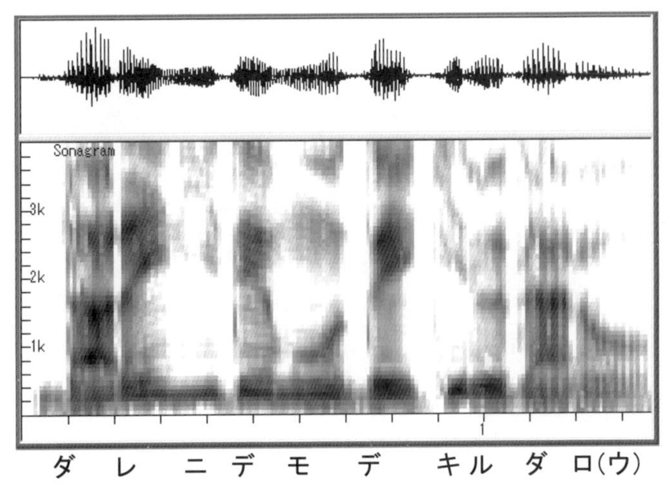

図5-42 「誰にでもできるだろう」のスペクトログラム。
（NTTアドバンステクノロジ『音素バランス1000文』の音声を使用）

最初の「ダレニ」は破裂音 /d/ で始まるので，例によって閉鎖区間から始まり，有声音であるのでボイスバーが見られる。破裂後は母音 /a/ に移行し，次のはじき音に続く。はじき音ではじく直前は，分析例-1 で説明したように，アンチフォルマントによるエネルギーの消失区間が，白い縦縞ではっきりと観察される。はじきに続く母音区間では，はじき音の狭窄位置からのフォルマント遷移と，「ニ」の構音に向けたフォルマント遷移が連続しているのがよく見える。その後，/n/ 音に伴うアンチフォルマントのために，色は薄くなる。下部に見られる黒い部分，ボイスバーよりわずかに周波数が上の鼻音フォルマントが加わっているのを確認したい。その後 /i/ の母音区間があるはずであるが，この例ではほとんど認められない。子音 /n/ に吸収されて消失している。

次に「デモ」では，有声破裂音の閉鎖区間がまず見られる。直前の鼻音区間と明らかに区別できるであろう。母音 /e/ の区間では，次の鼻子音 /m/ に向かって第 2 フォルマントの周波数が急速に低下するフォルマント遷移が見られる。/m/ でアンチフォルマントと鼻音フォルマントを見たあと，次の母音 /o/ の区間となる。第 2 フォルマントの周波数は低くなっているが，後半は次の破裂音 /d/ に向かって上昇するフォルマント遷移となっている。

後半の「デキルダロウ」も，それほど目新しいことはない。「デ」は破裂音で始まる特徴を示し，母音区間内では，前後のフォルマント遷移のために第 2 フォルマントの周波数が右上がりとなっている。「キ」も破裂音であるが，無声音であるから，閉鎖区間にボイスバーは見られない。「ル」のはじき音による白い筋は，わずかに見られる。次の「ダ」もまた破裂音である。最後の「ロ」のはじき音の筋を見たあと，第 2 フォルマントが，子音の狭窄位置から母音 /o/ に向けてゆっくりとフォルマント遷移しているのが見られる。

7 構音障害と音響分析

本章の最後に，構音障害の場合の音響分析をスペクトログラムによって行おう[*3]。聴くことによってわかることも多いが，スペクトログラムを見て初めて判断できることも少なくない。音声とスペクトログラムをよく比較しながら，ポイントを押さえるようにしたい。

まず，**発語失行**（verbal apraxia，apraxia of speech）と呼ばれる，意図した音を出すように構音器官を動かせなくなり，その結果，音素の順序が入れ替わったり，音素が他の音素に置き換えられる現象の例を見てみよう。

図 5-43 は，「猫が魚をくわえて」と発話している例である。この音声はサンプル音 100 に収録してある。全体的に発話の速度が遅くなっているが，これは発語失行に多く見られる特徴である。最初の文節「ネコガ」で 1 秒以上要しているのがわかる。とくに破裂音「コ」の前の閉鎖区間がかなり長めである。「サカナ」の中の「カ」の破裂音は，本来は無声破裂音であるので，破裂前の閉鎖区間は音のエネルギーがなくなっているはずであるが，この例ではボイスバーが存在し，有声化しているのがわかる。さらによく見ると，上方にフォルマントのかすれも存在し，閉鎖区間が鼻音化していると考えられる特徴が見られる。矢印の部分には，ボイスバーに加えて，鼻音フォルマントも存在しているのであろう。

[*3] 本節のスペクトログラムはすべて，日本音声言語医学会の提供による音声サンプルを，許可を得て使用している。

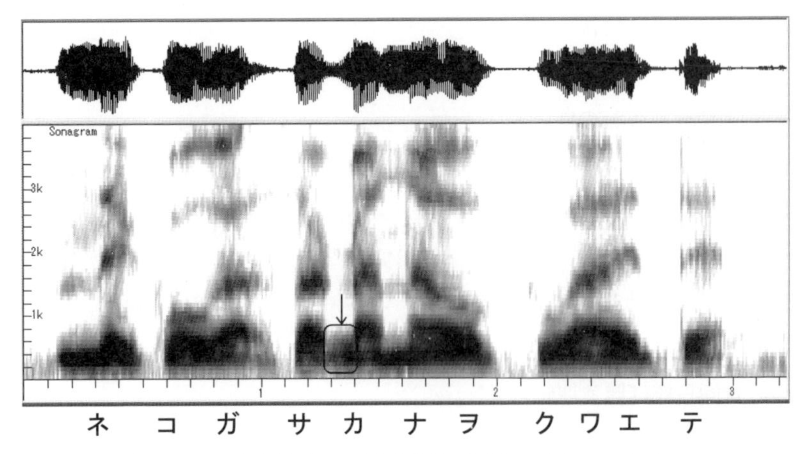

図5-43　音素が変更される例。「猫が魚をくわえて」といっている。
（日本音声言語医学会提供の音声を使用）

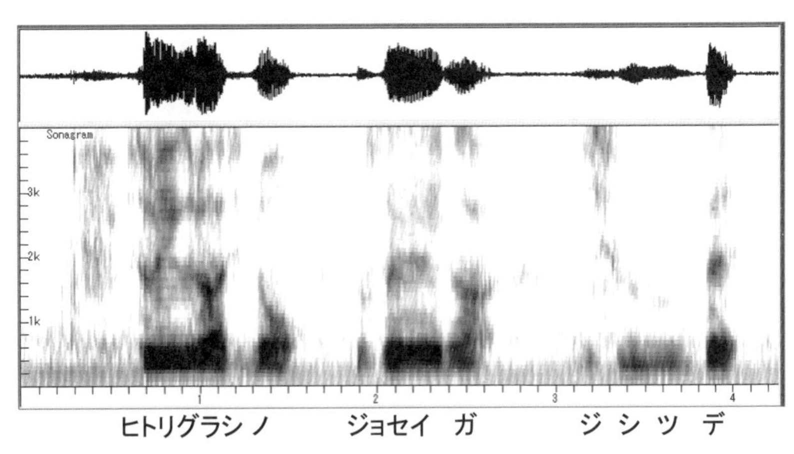

図5-44　構音の失敗例。「一人暮らしの女性が自室で」といっている。
鼻音化も見られる。（日本音声言語医学会提供の音声を使用）

次の図 5-44 は，「一人暮らしの女性が自室で」と発話している男性の例である。この音声はサンプル音 101 に収録してある。この発話は全体的に鼻音化しており，開鼻声になっていると考えられる。鼻音フォルマントを分離して観察することは難しいが，「ノ」「ガ」「ジシツデ」などの部分でフォルマント上部がかすれて薄くなっており，アンチフォルマントの存在を示唆している。

「ジシツ」の部分は構音がかなり失われており，破裂に伴う音素や，母音を示すフォルマントがほとんど見られない。

もう 1 つ発語失行の例を見てみよう。図 5-45 では，55 歳の女性が「昔あるところに」と発話している。音声はサンプル音 102 に収録してある。都合 7 秒もの時間を要しており，相当ゆっくり発話しているのがわかる。この音声のもう 1 つの特徴は，声門摩擦と思われる音のエネルギーが大きく重なっていることである。その結果，破裂音「カ」の前の閉鎖区間が形成されず，また「シ」の無声摩擦音の部分も，声門からの摩擦エネルギーのため，半ば有声化されている。音韻自体は聴き取れるものの，時間軸上に引き延ばされたフォルマント遷移が示すように，きわめて大きな努力を払って発話されていることが推測される。

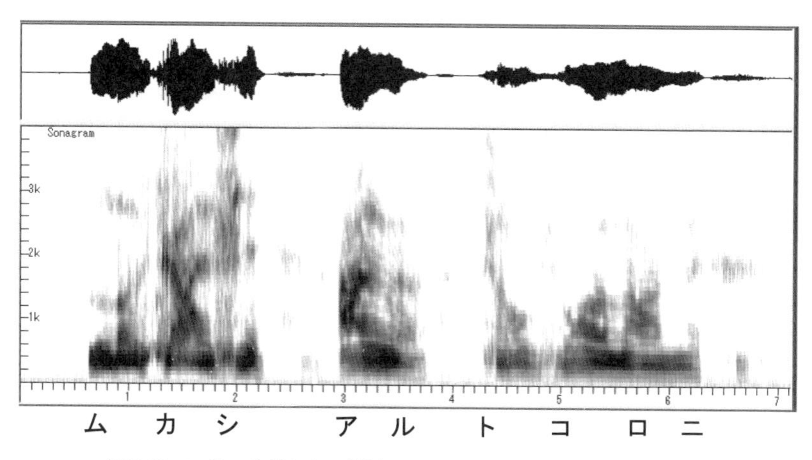

図5-45　55歳の女性による「昔あるところに」。所要時間に注意しよう。
（日本音声言語医学会提供の音声を使用）

次に，パーキンソン病患者の発話例を見てみよう。図 5-46 は，62 歳の男性患者が「そうすると 30 分か 1 時間半 ···」と発話した音声のスペクトログラムである。この音声はサンプル音 103 に収録してある。いままでの例とうってかわって，短い時間の間に多くの音素（または音素の断片）が混在している。まず「ソウスル」のあとに，声の震えとも思われる，小さなはじき音の片鱗が

「ルル」と繰り返され，その後，「ト」と発話するために，失敗を含めて2回の破裂が見られる。このように，パーキンソン病患者の場合，先を急いで早口になる傾向があるが，この例のように構音に失敗すると，いくつもの音素を並べることになる。「ト」のあとには，「イ」といいかけて，「サンジュップン」といい直している。あとの「イチジカン」が先に来てしまったのであろうか。

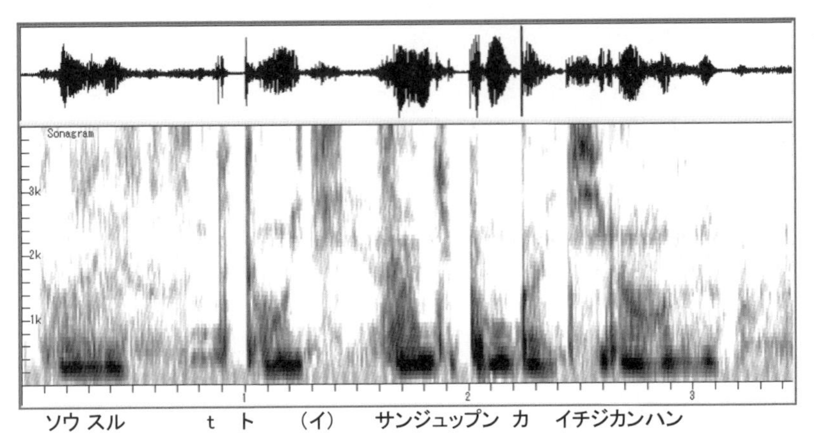

図5-46 パーキンソン病患者による発話の例。「そうすると30分か1時間半…」といっている。短い時間の中で音素が混み合っている。（日本音声言語医学会提供の音声を使用）

後半の「イチジカン」では，発話が詰まった結果，「イチジ」は1つの音節に圧縮されて母音が失われている。そのあとの「ハン…」も，何と発話しているか不明確である。

パーキンソン病には，似た症状を示すパーキンソン症候群があり，その症例は高齢者を中心に多数見られるものである。適切な早期の診断と適切な治療，リハビリが必要である。

最後に，筋萎縮性側索硬化症（ALS）患者の例を見ておく。図5-47は，68歳の女性のALS患者による発話の例である。音声はサンプル音104に収録してある。構音障害の程度がかなり進んだものである。スペクトログラムを一見してわかるように，全体的にフォルマントが平坦であり，発話によるフォルマント周波数の変化が非常に小さくなっている。また，子音の構音においても，

「ゼンザイ」に含まれる 2 つの摩擦音はほとんど見られず，代わりに「ザ」の子音部で鼻音の特徴が見られる。「ニチヨウビ」における破裂音も同様に消失しており，単語の全体が連続した母音の固まりのようになっている。ALS 患者におけるこのような傾向は，病気の進行と共に顕著になっていくものである。

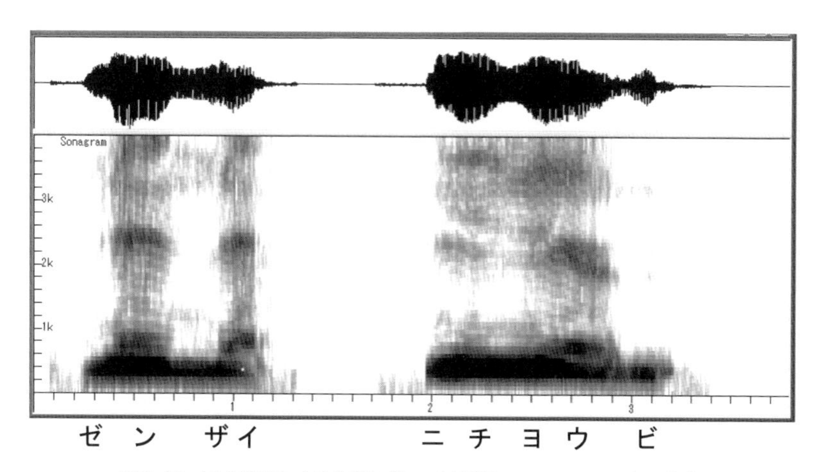

図5-47　ALS 患者による「ぜんざい」「日曜日」。フォルマントの変化がほとんど見られない。（日本音声言語医学会提供の音声を使用）

このほか，舌ガンによって舌を全摘出した場合など，器質性の構音障害もあり，中程度以上の場合は，フォルマント周波数の変化はごく小さいものになる。しかし，その場合でも，言葉によるコミュニケーションは可能であることが多く，リハビリテーションの意義が否定されることはない。

このような音響分析の方法は，構音障害の診断や言語訓練において，たいへん有益な情報を与えるものであり，ぜひ有効に使いこなしてもらいたいものである。と同時に，こうした言語訓練をはじめとするリハビリテーションは，本人の強い意志と忍耐に支えられて初めて成立するものであり，そのための精神的ケアの重要性が変わることはないであろう。

●●● さらに勉強するために ●●●

本書は，言語聴覚士を目指す人を対象に，文系出身者が多いことを考慮して，音響学にかかわる内容をできる限り直観的に理解できるよう，初学者にとってもわかる内容で，なおかつ必要なレベルを維持することを目的として書いた。しかしながら，紙面には限りがあるため，それらのすべてを網羅することは不可能である。とりわけ，本書の趣旨に沿って，工学的な説明や数式による解説はほとんど行わなかった。また，いくつもの書籍に分散して解説されていることを，一冊の中にコンパクトにまとめたということも特徴である。

本書出版以来，この 14 年の間に音響学関連の書籍が多数出版されているので，初めてこの分野を学ぶ人にとって，どれを手にすればいいか迷うところであろう。そこで，本書ではもの足りない部分を補う意味も含め，さらに勉強を進めるために，本書の読者でも読み進むことのできる本を中心に参考文献を紹介しよう。なお，価格（税別）は 2019 年 5 月現在のものである。

まず，言語聴覚士向けの書籍として

［1］『言語聴覚士のための音響学』
　　今泉敏 著
　　医歯薬出版，2007 年，3800 円

を挙げることができる。本書を読んだあとに，とくに音声について詳しいことを知りたいとき，国家試験対策などに利用すればいいかと思う。ただし，本編 130 ページという比較的少ないページ数に多彩な内容が詰め込まれているので，流し読みしてもほとんど頭に入らないかもしれない。辞書のように一つ一つじっくりと理解するようにすれば有益であろうと思われる。

また，言語聴覚士向けとは明示されていないが，ST 養成をかなり意識して書かれているものに

［2］『ゼロからはじめる音響学』
　　青木直史 著
　　講談社（KS 理工学専門書），2014 年，2600 円

がある。「ゼロからはじめる…」とあるが，内容は本書よりも若干理系寄りである。国家試験の出題範囲がかなりよくカバーされており，授業の教科書や参考書として使うことができるであろう。ただ，それぞれの項目の説明は短めであるので，独習に用いるには向いていないかもしれない。

次に，きちんとした専門書ではないが，気楽に読めて，音についての基礎的なことやさまざまなトピックがわかる本を紹介しておこう。

［3］『音のなんでも小事典』
日本音響学会 編
講談社ブルーバックス，1996 年，1100 円

［4］『謎解き音響学』
山下充康 著
丸善，2004 年，1800 円

［3］はこの分野のロングセラーである。音響学会で編集しているので，内容はお墨付きで，さまざまのトピックを扱っている。気楽に読める良書である。300 ページ以上あり，この価格にしてはたいへんお得でもある。また，［4］も音に関するさまざまのトピックを扱っていて，一般の人向けにわかりやすく説明されている。蓄音機やステレオ，コンサートホールなど技術的なトピックも多く取り上げられている。これらの本だけで完全に理解することはできないが，気楽に読むことで，音の世界になじむのに向いているであろう。

音響心理，聴覚心理に関しては

［5］『聴覚心理学概論』
B. J. C. ムーア 著
大串健吾 監訳
誠信書房，1994 年，4500 円

が，現時点ではもっともスタンダードである。非常にレベルの高い内容を扱っているが，数式などはなく，初学者でも忍耐力さえあれば十分に読みこなせるであろうと思われる。この本は 350 ページ以上あるが，辞書的に調べ読みすることも可能である。その他の標準的な参考書として

［6］『聴覚と音響心理』（日本音響学会編 音響工学講座 6）
境久雄 編著
コロナ社，1978 年，4600 円

を挙げることができる。この本が出版されて相当の時間が経つが，現在でもこの本が出典と思われる国家試験の出題が見られる。この分野で注意することは，研究が日進月歩で進んでおり，場合によっては，かつて正しかったことが，いまでは違っていることもあるということである。その点に注意しながら，［5］では触れられていないようなことについて，図書館などで調べるのに用いれば，ちょうどよい文献といえるかもしれない。

音響音声学については

［7］『音声の音響分析』（絶版）
レイ・D・ケント／チャールズ・リード 著
荒井隆行／菅原勉 監訳
海文堂出版，1996 年，3200 円
［8］『音声知覚の基礎』
ジャック・ライアルズ 著
今富摂子／荒井隆行／菅原勉 監訳
海文堂出版，2003 年，2500 円

を挙げることができる。とくに［7］は，この内容をわかりやすく解説した初めての本として，記念碑的なものである。［7］［8］は同じ監訳者による邦訳のシリーズで，とくに荒井氏の尽力には特筆すべきものがある。

数理的な理解を深めたい読者のために，工学的な扱いの本をいくつか紹介しておく。以前に比べると初学者向けの書籍がずいぶんと多くなってきたが，音響学という分野自体は大学理系の数学の知識を前提としており，その本質は決して難易度の低いものではない。しかしながら，最近の本では難しい数式以外に，少しでも理解しやすいように，文章やイラスト・図での説明が豊富になっていて，ずいぶん親しみやすくなってきている。

［9］『音の物理』（音響入門シリーズ）
東山三樹夫 著
日本音響学会 編
コロナ社，2010 年，2800 円
［10］『音響学入門』（音響入門シリーズ）
鈴木陽一ほか 著
日本音響学会 編
コロナ社，2011 年，3200 円
［11］『基礎音響学』（音響学講座 1）
安藤彰男 編著
日本音響学会 編
コロナ社，2019 年，3500 円

［9］と［10］は同じシリーズの中に類似のテーマで書かれている。［10］が多くの著者の合作であるのに対して，［9］は一人の著者が書き上げている。［9］の方は，まさに「音の物理」であり，物理的な基礎について数学を用いて丁寧に書かれている。高校 3 年理系程度の数学力は必要である。一方，［10］は多くのトピックに触れているので，その部分については，数学の知識がなくても読むことができる。後半にはやはり，音の物理など数学的扱いについての解説がコンパクトに書かれている。［11］は音響学会で

企画している別のシリーズの本である。工学部などでこれから音響学を学ぶ学生などの専門教育の入門書であり，高等学校理系の知識に加え，大学 1～2 年次の理系教育を受けていないと理解は難しいかもしれないが，大学理系 1～2 年程度の学生であれば，他書を参照しなくても理解できるよう，かなり丁寧に書かれている。

書店の店頭ですぐに手に入る本はあまりないかもしれないが，インターネットを利用した書籍購入も便利になったので，試してみるのもいいであろう。

●●● 言語聴覚士国家試験・模擬問題 ●●●

言語聴覚士国家試験のうち，基礎問題中の音響学，聴覚心理学に関する模擬問題を掲載するので，各自でチャレンジしてみてほしい。国家試験の過去問題は他の方法で入手できると思うので，それを踏まえた上で，さらに力を確認するために使うとよいであろう。ここにかかげた問題は，著者がいままで専門学校で実施した音響学の試験のために作成したものである。国家試験と同じスタイルで，国家試験 1 回分程度の問題を，4 回分収めてある。国家試験の問題を参考にしているが，基本的にオリジナルな問題になっている。

【第 1 回】

（1）80 dB SPL に相当するのはどれか。

ア. 200 Pa　　イ. 2000 μPa　　ウ. 200 mPa　　エ. 0.2 mPa　　オ. 2 Pa

（2）難聴耳における 250 Hz の音のレベル表示値の大小関係で正しいのはどれか。

ア. 聴力レベル ＞ 感覚レベル ＞ 音圧レベル
イ. 聴力レベル ＞ 音圧レベル ＞ 感覚レベル
ウ. 感覚レベル ＞ 音圧レベル ＞ 聴力レベル
エ. 音圧レベル ＞ 感覚レベル ＞ 聴力レベル
オ. 音圧レベル ＞ 聴力レベル ＞ 感覚レベル

（3）閉管と声道の特徴について正しいものの組み合わせはどれか。

a. 成人男性の中性母音の第 1 ホルマント周波数は，17 cm の閉管の基本振動とほぼ同じである。
b. 声道は，閉管と同様に，基本振動と奇数倍音が存在する。
c. 声道のホルマント周波数は固定している。
d. ホルマント周波数の絶対的な値によって母音が定まる。
e. 声道には，閉管の規準振動と同様に振動の節や腹が存在する。

ア. a と b　　イ. a と c　　ウ. a と e　　エ. b と e　　オ. d と e

（4）周期音の特徴として誤っているものの組み合わせはどれか。

a. 線スペクトルである。
b. 音の高さが曖昧である。

c. 楽音は周期音である。

d. 母音は周期音である。

e. 太鼓の音は周期音である。

ア. c と e　イ. b と c　ウ. a と e　エ. b と e　オ. d と e

（5）母音 /a/ と比較したときの /o/ の特徴はどれか。

ア. 第 1，第 2 ホルマントともに低い。

イ. 第 1 ホルマントは低く，第 2 ホルマントは高い。

ウ. 第 1 ホルマントは高く，第 2 ホルマントは低い。

エ. 第 1，第 2 ホルマントともに高い。

オ. ピッチは低いものの，ホルマントは同じである。

（6）破裂音の種類を識別するキュー（手がかり）として適当でないものの組み合わせはどれか。

a. 破裂前の閉鎖区間の長さ

b. 破裂に先行する母音の種類

c. 破裂のスペクトル形

d. ホルマント遷移

e. バズバー

ア. a と b　イ. b と c　ウ. a と e　エ. d と e　オ. a と c

（7）正しいのはどれか。

ア. 音源と反対側の耳には高音の方が聴こえやすい。

イ. 骨導音と気導音では高さが異なって感じる。

ウ. 片耳聴ではカクテルパーティー効果は生じない。

エ. 両耳間マスキングは同耳マスキングよりマスキング量が大きい。

オ. 両耳ビートは左右に聞こえる音の物理的重なりによるうなりである。

【第 2 回】

（1）周期音の組み合わせはどれか。

a. 純音　b. ピンクノイズ　c. 母音　d. 子音　e. ホワイトノイズ

ア. a と b　イ. a と c　ウ. a と d　エ. b と e　オ. b と c

（2）純音について誤っているのはどれか。

ア. 線スペクトルである。

イ. 単一の高さ感覚を与える。

ウ. 倍音がない。

エ. 周期がない。

オ. 三角関数で表される。

(3) 音声の基本周波数を決めるのはどれか。

ア. 声道の共鳴

イ. 鼻腔の共鳴

ウ. 声帯の振動

エ. ホルマント周波数

オ. 声道の長さ

(4) 音のレベル表示で正しいものの組み合わせはどれか。

a. 正常耳の 0 dB SL より難聴耳の 0 dB SL の方が音圧レベルが高い。

b. 正常耳の聴覚閾値は必ず 0 dB HL である。

c. 聴力レベルの等しい音の強さは等しい。

d. 250 Hz で 5 dB SL の音は聴こえない。

e. 0 dB SL と聴覚閾値は等しい。

ア. b と d　イ. b と c　ウ. c と e　エ. a と d　オ. a と e

(5) 無声破擦音の特徴として誤っているのはどれか。

ア. 破裂を伴う

イ. 無音区間に続く

ウ. 声門閉鎖の持続

エ. 声道閉鎖の持続

オ. 声道狭めの持続

(6) 音の周波数情報伝達について誤っているものの組み合わせはどれか。

a. 会話では時間ピッチと場所ピッチの両方が用いられる。

b. 第 3 ホルマントは場所ピッチのみの感覚になる。

c. 純音に対しては，蝸牛基底膜上の対応する唯一の聴神経が発火する。

d. 周期音は，安定した高さの感覚を与える。

e. 複合音では，周波数成分にない周波数を感じることがある。

ア. b と e　イ. b と c　ウ. c と e　エ. a と c　オ. b と d

(7) 次のうちマスキングに関連しないのはどれか。

ア. 臨界帯域

イ. 骨導聴力検査

ウ. カクテルパーティー効果

エ. ウェーバーの法則

オ. 騒音下の音声知覚

（8）線スペクトルになり得ないのはどれか。

ア. 周期音　イ. 非周期音　ウ. 楽音　エ. 母音　オ. 短音

【第 3 回】

（1）聴力検査に適するものの組み合わせはどれか。

a. dB SPL　b. dB HL　c. dB SL　d. mel　e. L_A（騒音レベル）

ア. a と b　イ. b と c　ウ. b と d　エ. c と e　オ. d と e

（2）60 dB SPL の音圧はどれか。

ア. 20 Pa　イ. 2 Pa　ウ. 0.2 Pa　エ. 0.02 Pa　オ. 2 mPa

（3）ホルマント周波数を変化させる要因の組み合わせはどれか。

a. 声道の長さ　b. 声道の曲がり　c. 声道の狭め　d. 声の高さ　e. 声の強さ

ア. a と b　イ. a と c　ウ. c と d　エ. c と e　オ. d と e

（4）声帯の振動を伴う音はどれか。

ア. /t/　イ. /h/　ウ. /j/　エ. /p/　オ. /ʃ/

（5）500 Hz の純音に対するマスキング量が最も大きいマスカーはどれか。マスカーのレベル（エネルギーの総和）は等しく，バンドノイズの中心周波数は 500 Hz とする。

ア. 501 Hz の純音

イ. ホワイトノイズ

ウ. 帯域幅 100 Hz のバンドノイズ

エ. 帯域幅 1000 Hz のバンドノイズ

オ. 帯域幅 2000 Hz のバンドノイズ

（6）音の高さに関係ないのはどれか。

ア. 声帯の振動

イ. イントネーション

ウ. ホルマント周波数

エ. バズバー

オ. F_0

（7）スペクトログラムについて誤っているのはどれか。

a. 縦軸は音圧である。
b. 横軸は時間である。
c. 広帯域の方が時間分解能が高い。
d. 点が濃い（大きい）ほど音が強い。
e. 点が濃い（大きい）ほど音が高い。

ア. a と c　　イ. c と e　　ウ. a と d　　エ. a と e　　オ. c と d

（8）最小可聴音圧に関連しないものはどれか。

ア. 振幅　　イ. 位相　　ウ. 周波数　　エ. 聴力レベル　　オ. 感覚レベル

【第 4 回】

（1）音の性質で正しいのはどれか。

ア. 音速は常に一定である。
イ. 周期が 10 ms の音の周波数は，1000 Hz である。
ウ. 音は縦波なので，空気中だけを伝わる。
エ. 波長が長いほど，周波数が大きい。
オ. 長さの同じ閉管と開管の共鳴周波数は開管の方が高い。

（2）入力が 23 dB SPL の時，出力が 63 dB SPL となる補聴器の増幅率はどれか。

ア. 5 倍　　イ. 10 倍　　ウ. 50 倍　　エ. 100 倍　　オ. 1000 倍

（3）次の純音のうち，もっとも音圧が小さいのはどれか。

ア. 125 Hz で 20 dB HL
イ. 250 Hz で 20 phon
ウ. 1000 Hz で 20 dB SPL
エ. 3000 Hz で 20 dB SPL
オ. 3000 Hz で 20 phon

（4）子音の音源として適切でないものの組み合わせはどれか。

a. 横隔膜の振動
b. 声帯の振動
c. 声道における破裂
d. 声道における摩擦
e. 鼻腔の共鳴

ア. a と b　　イ. a と e　　ウ. b と e　　エ. a と c　　オ. b と c

（5）ごく短い短音の特徴として誤っているのはどれか。

ア. スペクトルが広がる。
イ. 非周期音である。
ウ. 音が弱くなる。
エ. 過渡ひずみが生じる。
オ. 音の高さが曖昧になる。

（6）次のうち正しいものの組み合わせはどれか。

a. 時間ピッチは，聴覚神経の追随できる 1000 Hz 程度まで感じることができる。
b. 臨界帯域は，全周波数帯でほぼ同じ帯域幅である。
c. 感覚レベルの基準値は聴覚閾値と必ず一致する。
d. 両耳聴で，マスカーとマスキーの音源方向が同じ方がマスキング量が大きい。
e. 40 フォンの音は，20 フォンの音の 2 倍の大きさである。

ア. a と d　　イ. b と d　　ウ. c と d　　エ. c と e　　オ. d と e

（7）ホルマントについて正しいのはどれか。

ア. 声帯の大きさはホルマント周波数に影響する。
イ. ホルマント周波数は声道の長さのみによって決まる。
ウ. ホルマント周波数が全体的に高くなっても母音は変わらない。
エ. /e/ よりも /i/ の方が，第 1 ホルマントの周波数が大きい。
オ. 第 2 ホルマントは，声道の 2 倍振動に対応している。

（8）破裂音について，誤っているのはどれか。

ア. 破裂の直前に必ず閉鎖区間が存在する。
イ. 破裂の直前に必ず呼吸が一瞬止まる。
ウ. ホルマント遷移を伴う。
エ. VC 音節では，破裂を伴わないことがある。
オ. 促音では閉鎖区間が長くなる。

解答

【第 1 回】（1）ウ.（2）オ.（3）ウ.（4）エ.（5）ア.（6）ア.（7）イ.
【第 2 回】（1）イ.（2）エ.（3）ウ.（4）オ.（5）ウ.（6）イ.（7）エ.（8）オ.
【第 3 回】（1）ア.（2）エ.（3）イ.（4）ウ.（5）ウ.（6）ウ.（7）エ.（8）イ.
【第 4 回】（1）オ.（2）エ.（3）オ.（4）イ.（5）ウ.（6）ウ.（7）ウ.（8）イ.

●●● サンプル音・音声の一覧 ●●●

1. 純音：440 Hz
2. 純音：880 Hz
3. 純音：1760 Hz
4. 純音：3520 Hz
5. 純音：7040 Hz
6. 純音：14080 Hz
7. 純音：17000 Hz
8. 純音：20000 Hz
9. 純音：220 Hz
10. 純音：110 Hz
11. 純音：55 Hz
12. 純音：40 Hz
13. 純音：30 Hz
14. 純正律の「ドミソ」
15. 平均律の「ドミソ」
16. うなり：2 Hz（440 Hz + 442 Hz）
17. うなり：0.5 Hz（440 Hz + 440.5 Hz）
18. うなり：10 Hz（440 Hz + 450 Hz）
19. ドップラー効果：音源速度 20 m/s，ずれ 10 m
20. ドップラー効果：音源速度 20 m/s，ずれ 1 m
21. ドップラー効果：音源速度 50 m/s，ずれ 10 m
22. 名古屋鉄道パノラマカーによるドップラー効果
23. 純音を 10 dB ずつ弱くした音の列（440 Hz）
24. 純音を 5 dB ずつ弱くした音の列（440 Hz）
25. 純音を 3 dB ずつ弱くした音の列（440 Hz）
26. 純音を 1 dB ずつ弱くした音の列（440 Hz）
27. ホワイトノイズ
28. ピンクノイズ（$1/f$ ノイズ）
29. ブラウンノイズ
30. バンドノイズ：中心周波数 8000 Hz，帯域幅 1000 Hz
31. バンドノイズ：中心周波数 4000 Hz，帯域幅 800 Hz

32. バンドノイズ：中心周波数 2000 Hz，帯域幅 300 Hz
33. バンドノイズ：中心周波数 1000 Hz，帯域幅 200 Hz
34. バンドノイズ：中心周波数 500 Hz，帯域幅 120 Hz
35. バンドノイズ：中心周波数 250 Hz，帯域幅 100 Hz
36. バンドノイズ：中心周波数 125 Hz，帯域幅 100 Hz
37. クリック音
38. パルス列による音（パルスの頻度 400 Hz）
39. 方形波（400 Hz）
40. 純音成分の第 9 倍音までを合成して方形波に近づけた音
41. 三角波（400 Hz）
42. 純音成分の第 9 倍音までを合成して三角波に近づけた音
43. 短音：400 Hz，100 ms
44. 短音：400 Hz，50 ms
45. 短音：400 Hz，10 ms
46. 短音：400 Hz，3 ms
47. 方形窓（前半 5 回）とハミング窓（後半 5 回）：400 Hz，実効 50 ms
48. 図 3-21，図 3-22 の音声：「世界の」
49. サンプリング周波数による音質の違い：44100 Hz→16000 Hz→8000 Hz
50. 無限に上昇する音階
51. 無限に下降する音階
52. 15 ms のトーンバースト列（500 Hz，562.5 Hz，625 Hz，666.7 Hz，750 Hz）
53. 6 ms のトーンバースト列（500 Hz，562.5 Hz，625 Hz，666.7 Hz，750 Hz）
54. 2 ms のトーンバースト列（500 Hz，562.5 Hz，625 Hz，666.7 Hz，750 Hz）
55. リプル雑音：400 Hz，800 Hz
56. リプル雑音：1600 Hz，6400 Hz
57. ホワイトノイズの断続：100 Hz
58. ホワイトノイズの断続：150 Hz
59. バーチャルピッチ：200 Hz（基本音と 2 倍音を欠いた音）
60. 200 Hz の複合音
61. 1800 Hz + 2000 Hz + 2200 Hz の純音を重ねた音
62. 1840 Hz + 2040 Hz + 2240 Hz の純音を重ねた音
63. 結合音：1000 Hz + 1800 Hz（1000 × 2 − 1800 = 200 Hz を感じるかどうか）
64. バンドノイズによるマスキング：中心周波数 440 Hz，帯域幅 120 Hz
65. ホワイトノイズによるマスキング
66. 高周波側のマスキング：中心周波数 3500 Hz，帯域幅 800 Hz，信号音 4000 Hz

67. 低周波側のマスキング：中心周波数 4000 Hz，帯域幅 800 Hz，信号音 3500 Hz
68. バンドノイズ+信号音（信号音 1000 Hz，中心周波数 1000 Hz，帯域幅 200 Hz）
69. ノイズ+信号音近接（信号音 1000 Hz，中心周波数 1000 Hz，帯域幅 200 Hz）
70. 信号音+バンドノイズ（信号音 1000 Hz，中心周波数 1000 Hz，帯域幅 200 Hz）
71. 信号音+ノイズ近接（信号音 1000 Hz，中心周波数 1000 Hz，帯域幅 200 Hz）
72. 両耳ビート：左 440 Hz / 右 441 Hz の場合，左 1200 Hz / 右 1201 Hz の場合
73. 位相差による方向変化：左右 45°，500 Hz，2000 Hz
74. 強度差による方向変化：440 Hz，4000 Hz
75. クリック音を左右で 1 万分の 1 秒ずつタイミングをずらした音
76. MLD：両耳に純音（同相）+ノイズ（同相）
77. MLD：両耳に純音（逆相）+ノイズ（同相）
78. MLD：右耳に純音+ノイズ
79. MLD：右耳に純音+両耳にノイズ（同相）
80. 聴診器を喉頭に当てて録音した音「アイウエオ」
81. 図 5-14 の音声：「イエアオウ」
82. 図 5-20 の音声：鼻子音「m，n，ŋ，ɴ」
83. 図 5-22 の音声：摩擦音「sa，ʃa，za，ʒa」
84. 図 5-24 の音声：破擦音「tsa，tʃa，dza，dʒa」
85. 図 5-25 の音声：破裂音「pa，ta，ka，ba，da，ga」
86. 図 5-26 の音声：破裂形「p，t，k」
87. /pa/，/ta/，/ka/ から破裂部分を除いた音
88. 図 5-28 の音声：/ba/，/da/，/ga/ のフォルマント遷移
89. 図 5-31 の音声：/na/ と /da/ のフォルマント遷移
90. 図 5-32 の音声：/ba/，/wa/，/ua/ のフォルマント遷移
91. 図 5-33 の音声：/ga/，/ja/，/ia/ のフォルマント遷移
92. 図 5-35 の音声：「ア」「イアイ」
93. 図 5-36 の音声：「箸–橋」
94. 図 5-37 の音声：「雨–飴」
95. 図 5-38 の音声：「甘いクリーム–辛いクリーム」
96. 図 5-39 の音声：「辛いクリームを食べたい」
97. 図 5-40 の音声：「甘いクリームを食べたい」
98. 図 5-41 の音声：「どんどん利用してほしい」
99. 図 5-42 の音声：「誰にでもできるだろう」
100. 図 5-43 の音声：「猫が魚をくわえて」
101. 図 5-44 の音声：「一人暮らしの女性が自室で」

102. 図 5-45 の音声：「昔あるところに」
103. 図 5-46 の音声：「そうすると 30 分か 1 時間半」
104. 図 5-47 の音声：「ぜんざい，日曜日」

※ 貴重な音声を収録しているため，一部の音質が良くないことをご了承ください。なお 48，98，99 は NTT アドバンステクノロジ，100～104 は日本音声言語医学会から，それぞれ提供を受けた音声である。

●●● 索　引 ●●●

＜著者略歴＞

吉田 友敬（よしだ ともよし）

1986年	東京大学教養学部教養学科卒業 株式会社河合楽器製作所入社
1996年	日本聴能言語福祉学院非常勤講師
1998年	成安造形大学非常勤講師
2001年	名古屋大学大学院人間情報学研究科博士課程満了
2003年	名古屋文理大学専任講師
現　在	名古屋文理大学教授

専門分野	音楽認知科学，音楽神経科学，音楽・音声音響学， 非線形科学
学会活動	情報文化学会，日本音響学会，情報処理学会， 音楽知覚認知学会，日本認知科学会，電子情報通信学会会員

本文イラスト：堀田眞弥

ISBN978-4-303-61041-8
言語聴覚士の音響学入門

2005年 5月25日　初版発行
2020年 2月15日　２訂版発行
2023年 4月10日　２訂３版発行

著　者　吉田友敬
発行者　岡田雄希
発行所　海文堂出版株式会社

検印省略

本　社　東京都文京区水道2-5-4（〒112-0005）
電話 03(3815)3291(代)　FAX 03(3815)3953
http://www.kaibundo.jp/
支　社　神戸市中央区元町通3-5-10（〒650-0022）

日本書籍出版協会会員・工学書協会会員・自然科学書協会会員

PRINTED IN JAPAN　　印刷　東光整版印刷／製本　ブロケード